AF233151

(Par C. Gardeton
(d'après Barbier)

30790

# L'ART D'ÉCONOMISER

## LE

# BOIS DE CHAUFFAGE

## ET

## TOUS LES AUTRES COMBUSTIBLES.

IMPRIMERIE DE L. CORDIER.

# L'ART D'ÉCONOMISER

## LE

# BOIS DE CHAUFFAGE

## ET

## TOUS LES AUTRES COMBUSTIBLES;

OUVRAGE UTILE AUX CHEFS DE FAMILLE, AUX MAÎTRES DE PENSION, ET A TOUTES LES PERSONNES QUI DIRIGENT DES ATELIERS, DES MANUFACTURES ET DE GRANDS ÉTABLISSEMENS;

Dans lequel on trouve la description des divers genres de Foyers, Cheminées, Appareils de Cuisine, Fourneaux, etc., etc., établis d'après les découvertes économiques les plus modernes,

Ainsi que des Recherches sur les causes qui font fumer les Cheminées, avec l'indication des moyens d'y remédier, d'en éteindre promptement le feu, et d'en faire tomber immédiatement la suie, etc., etc.

---

## A PARIS,

Chez
L. CORDIER, Imprimeur-Libraire, rue et grille des Mathurins Saint-Jacques, N.º 10;
JOSEPH JANET, Libraire, rue de Sorbonne, N.º 4;
GONDAR-ROBLOT, Libraire, rue Saint-Jacques, N.º 62.

## 1827.

# CATALOGUE

## DES OUVRAGES

### QUI SE TROUVENT CHEZ LE MÊME LIBRAIRE.

DICTIONNAIRE DE LA BEAUTÉ, OU LA TOILETTE SANS
DANGERS, dans lequel on trouve les moyens d'entretenir la *parure*, de corriger les *difformités*; la
préparation des *cosmétiques* innocens, *pommades,
pâtes, parfums, essences, bains* aromatiques,
*opiats, élixirs,* etc.; un précis des *plantes* et *fleurs*
qui peuvent servir d'ornement et convenir dans
la toilette; des réflexions sur les *maladies* qui
résultent de l'abus de certaines choses qui servent
à la Toilette des Dames, etc., 1 gros vol. in-16
sur grand-raisin, avec fig.　　　　　　　3 fr.

Chefs-d'OEuvre de P. CORNEILLE, avec les Commentaires de Voltaire, et des Observations critiques
sur ces Commentaires; par M. L***, seule édition
où l'on trouve le *véritable texte* de Corneille et les
changemens adoptés par la Comédie-Française,
5 vol. in-8.°　　　　　　　　　　　25 fr.

Chefs-d'OEuvre dramatiques de VOLTAIRE, contenant
ses tragédies et comédies restées au théâtre, colla-
tionnées sur la dernière édition publiée de son
vivant, connue sous la dénomination d'*Edition
encadrée*, et sur celle de *Kehl;* avec l'indication
des changemens adoptés par la Comédie-Française;
accompagnées de Préface et de Notes historiques
et critiques; 4 vol. in-8.°　　　　　　20 fr.

Vie politique, ou littéraire et morale de Voltaire, où
l'on réfute Condorcet et ses autres historiens, en
citant et rapprochant un grand nombre de faits
inconnus et très-curieux, 1 vol. in-8.°　　5 fr.

Chefs-d'OEuvre de P. Corneille, avec les Commentaires de Voltaire, etc., 5 vol. in-12.      12 fr.
Chefs-d'OEuvre dramatiques de Voltaire, contenant
ses Tragédies et Comédies restées au théâtre, etc.,
4 vol. in-12.                             10 fr.
Chefs-d'OEuvre de Campistron, contenant *Arminius,
Andronic, Alcibiade, Tiridate*, tragédies, et le
*Jaloux désabusé*, comédie; avec des remarques sur
le plan, la contexture et le style de ces ouvrages;
1 vol. in-12, avec portrait.               3 fr.
Manuel cosmétique et odoriférant des Plantes, ou
Traité de toutes les Plantes qui peuvent servir
d'ornement, de fard et de parfums aux dames; par
J. P. Buc'hoz, auteur de différens ouvrages de
Médecine, 1 vol. in-8.°                    4 fr.
Manuel Économique des Plantes, ou Traité de toutes
les Plantes qui peuvent être utiles dans les arts et
métiers, auquel on a joint des Observations sur
les plantes propres à remplacer le chanvre, et sur
celles qui peuvent remplacer le chiffon dans la
fabrication du papier, 1 vol. in-8.°       4 fr.
Dictionnaire des Passions, ou le Miroir du cœur humain, 1 vol. in-12.                        2 fr.
Nouvelle Médecine domestique, tirée principalement
des Végétaux de la France; ouvrage au moyen
duquel on peut se traiter soi-même dans près de
350 maladies, avec les plantes les plus connues,
2 vol. in-12.                              5 fr.
Rhétorique de la Jeunesse, ou Cours de Littérature
française, contenant des préceptes et des modèles
tirés des meilleurs Écrivains; par Marcillac, ancien
professeur, 1 vol. in-12.                  1 fr. 50 c.

# AVANT-PROPOS.

Bien des Auteurs se sont occupés d'Ouvrages sur l'économie domestique, tant pour le jardinage et la cuisine, que pour la manipulation et conservation des fruits, des vins, des liqueurs, etc., etc.; mais je ne sache pas que personne, jusqu'à présent, se soit donné la peine de faire des recherches aussi étendues que celles auxquelles je me suis livré, afin d'être utile, non-seulement à tout individu en particulier, mais surtout aux pères de famille et à tous les chefs d'établissemens où l'on consomme beaucoup de bois de chauffage ou autres combustibles, et cela dans l'intention de leur indiquer des moyens sûrs pour chauffer, aux moindres frais possibles, les maisons, les établissemens publics, et en général tous les ateliers, forges et usines quelconques.

Il ne m'a pas suffi de recueillir en France ce qui m'a paru devoir fixer le plus l'attention publique, pour obtenir une grande économie sur le chauffage, et se débarrasser aisément de la fumée; mais j'ai mis aussi à contribution tout ce que nos voisins les Anglais ont fait ou écrit sur cette matière; de sorte que mon Ouvrage, s'il n'est recommandable sous le rapport littéraire, a du moins le mérite d'avoir un but d'utilité qu'on ne peut lui contester; et si le Public veut bien me savoir gré de l'intention, je me trouverai extrêmement honoré de l'accueil qu'il aura fait à la faible production de son

Très-humble et très-obéissant Serviteur

C*** G***.

# L'ART D'ÉCONOMISER

## LE

# BOIS DE CHAUFFAGE,

## ET

## TOUS LES AUTRES COMBUSTIBLES.

*Considérations hygiéniques sur le froid;
ses effets sur l'homme, etc.*

Un froid modéré convient à nos organes. Il avive les fonctions de la vie interne; il donne plus de force et d'activité au système musculaire; la digestion, et toutes les fonctions de la nutrition qui en dépendent, s'opèrent mieux; la respiration, plus forte et plus intense, maintient mieux la chaleur animale du sang.

Mais l'intensité du froid est relative. Le froid a plus ou moins d'action sur l'homme, suivant les habitudes ou la situation physique du corps. Cette action sera beaucoup moins puissante sur l'habitant des régions glacées, sur l'homme qui agit, qui travaille, qui se meut avec vivacité, sur celui qui jouit d'une constitution robuste et d'une bonne santé, que sur l'habitant du midi, que sur l'homme dans l'inertie, que sur le malade et le vieillard. *Le froid est l'ennemi des nerfs,* dit un aphorisme d'Hippocrate ; aussi l'on doit toujours en craindre l'effet sur une constitution faible et délicate, qui laisse sans défense les organes de la sensibilité.

Les effets du froid continuel et rigoureux sont de resserrer et de contracter vivement les fibres organiques, d'arrêter, par cette contraction, la circulation des humeurs près de la surface, et par-là d'épaissir et de durcir la peau, qui devient violette ou pâle. Après un tremblement presque convulsif, les membres se raidissent de plus en plus ; le sang s'arrête dans les vaisseaux cutanés ; et les membres, qui s'engourdissent de plus en plus, deviennent insensibles. Si le froid a saisi tout le corps, l'engourdissement est général, et l'homme tombe dans un sommeil doux, exempt de souffrances et d'agitation, auquel il est vivement excité, et qui devient funeste s'il s'y laisse entraîner ; les fonctions vitales s'affaiblissent progressivement ; le pouls ne se sent pas. Le mouvement cesse d'abord, en général, à la circonférence ; ce repos universel arrive peu-à-peu jusqu'au centre, et l'on passe ainsi, par degrés insensibles, de la vie à la mort.

Il paraît, d'après divers faits cependant, que l'effet d'un froid rigoureux peut, sans la détruire, suspendre la vie de l'homme pendant plusieurs jours. Ainsi frappé du froid, l'homme sans mouvement, sans sentiment, sans chaleur vitale apparente, ressemble en quelque sorte à ces animaux qui ne donnent de signes d'existence que quand le retour du printemps a ramené la chaleur, la sensibilité et le mouvement dans leurs organes.

Lorsque le froid n'a fait ainsi que suspendre le mouvement de la vie, et que le corps qui en a été frappé cesse d'en ressentir l'influence, c'est toujours du centre à la circonférence que se rétablit l'action des organes; le cœur et les poumons reprennent peu-à-peu leur mouvement, et communiquent progressivement la chaleur et la vie au tronc et aux membres. L'art doit imiter la nature. Si, pour rappeler à la vie un homme dont tous les mouvemens sont arrêtés par le froid, on se hâtait, comme il n'arrive que trop souvent, de réchauffer les extrémités et la surface du corps, on déterminerait la gangrène, parce qu'une condition essentielle au rétablissement des mouvemens organiques dans ces parties, est qu'elles reprennent d'abord leur communication avec le centre de la circulation et le principal foyer de la chaleur animale. Il faut donc ranimer successivement le mouvement du centre à la circonférence. Pour cela, on fera sur la poitrine, sur le creux de l'estomac, et la région ombilicale, des frictions avec de la flanelle et quelque

( 4 )

teinture tonique. À mesure que la circulation et
l'action du poumon se rétablissent , et que la chaleur intérieure se transmet aux membres , on
seconde le développement de cette chaleur en
faisant succéder à la neige ou à l'eau glacée qui
couvrent les membres, des applications de moins
en moins froides. Quand le malade peut avaler,
on lui donne quelques cordiaux ; et l'on continue
à proportionner l'excitation des membres à l'état
de la chaleur des mouvemens du centre. Il faut
souvent plusieurs heures de soins assidus pour
ranimer ainsi par degrés le mouvement de la vie
chez l'homme où le froid l'avait entièrement
suspendue.

Lorsqu'il n'y a qu'une partie du corps qui a
éprouvé l'influence délétère du froid , on suivra
le même système de traitement. La térébenthine
appliquée sur le membre gelé , qu'on expose
ainsi graduellement à la chaleur pour faire fondre
cette résine , afin qu'elle pénètre le plus chaud
qu'il est possible , est aussi un excellent remède
pour les membres gelés. On les enveloppe ensuite jusqu'à parfaite guérison. En Sibérie , on
frotte d'abord les membres gelés avec de la neige ;
dès qu'ils commencent à devenir sensibles , on
y substitue l'eau chaude. S'ils sont gelés depuis
peu de temps , le plus prompt remède est de les
frotter avec une étoffe de laine. Les Jakoutes et
les Russes enduisent le membre gelé avec de la

bouze de vache ou de l'argile, ou ces deux matières mêlées : c'est aussi, selon eux, un moyen
préservatif. Quand ils ont à s'exposer au froid,
ils s'enduisent les mains et la figure de ces mêmes
matières.

Les corps gras offrent un autre moyen préservatif employé par plusieurs peuples du nord.
Le Lapon et le Samoïède se graissent d'huile
rance de poisson, et se promènent la poitrine
découverte et sans danger dans les montagnes de
glaces, par des froids de 30 à 40 degrés. Les
soldats russes, en Sibérie, s'enveloppent les
oreilles et le nez dans des papillotes de parchemin enduites de graisse d'oie, qui reste fluide et
ne se gerce pas comme le suif. En cet état ils
bravent les froids les plus violens. Déja XÉNO-
PHON, dans la retraite des dix milles Grecs,
avait recommandé aux soldats de se graisser toutes
les parties du corps exposées à l'air ; et les Français n'auraient pas si horriblement souffert du
froid dans le fatal retour de Moscow, s'ils avaient
connu et pratiqué ce moyen. La nature garantit
les animaux par le même procédé : tous ceux du
nord sont adipeux et huileux en hiver ; et, dès
les premières gelées, nous voyons les petits oiseaux dodus comme des pelottes de graisse. Les
quadrupèdes dormeurs en hiver, ont tous des
épiploons graisseux surnuméraires.

Au lieu de s'enduire d'huile ou de graisse, les

voyageurs de nos contrées, surtout ceux des classes inférieures, ont l'habitude, pour être moins sensibles au froid, de boire des liqueurs spiritueuses. Quelques personnes regardent cette coutume comme très-pernicieuse : cependant, autant l'eau-de-vie prise en grande quantité peut être funeste, autant peut être favorable un emploi modéré de cette liqueur qui soutient le ton des organes, entretient une réaction générale et une transpiration continuelle. Au reste, le meilleur préservatif du froid est dans un mouvement animé et dans des vêtemens chauds.

*Avantages de la chaleur produite par l'exercice, sur celle qu'on acquiert auprès du feu.*

La chaleur du corps de l'homme est proportionnée à la force des autres fonctions de la vie; l'action du froid extérieur qui semble devoir la diminuer, l'augmente en produisant une espèce de réaction, surtout dans un individu robuste. C'est une expérience connue de tout le monde, qu'après avoir manié de la neige ou de la glace, les mains prennent une couleur rouge, et acquèrent un accroissement de chaleur. Le froid est donc un vrai stimulant qui augmente réellement la vigueur et la force par ses impressions répétées; ce n'est point seulement par une simple astriction des fibres, mais encore en produisant un nouveau développement de chaleur, et en donnant plus de force et de ressort à tous les organes, pourvu toutefois qu'il n'excède point certaines bornes.

La chaleur étrangère que communiquent en hiver nos foyers, ne peut produire des effets contraires, si on a recours à des alternatives de quelque exercice à l'air libre : on sait avec quelle violence se développent les affections nerveuses durant cette saison, par un séjour constant dans les appartemens chauds et bien clos; le corps y acquiert une sensibilité extrême; on devient sujet aux fluxions; les membres contractent une espèce d'engourdissement, et la digestion surtout devient débile et languissante. Les effets du dessèchement du corps par l'action d'une chaleur étrangère se font surtout sentir durant la nuit : le sommeil est léger, de peu de durée, et souvent interrompu; il est moins propre à réparer les forces qu'à augmenter le délâbrement de la santé et la faiblesse. Un Danois rapportait un jour une coutume très-salutaire qu'observent les dames de Copenhague, même pendant les froids les plus âpres. Elles se dérobent souvent à leurs foyers accompagnées des personnes de leur société, et plusieurs fois par jour, pour faire des courses rapides sur les places publiques, et rentrent ensuite chez elles avec une faim dévorante ; c'est ainsi qu'elles savent se procurer une digestion facile et un sommeil paisible. On sait aussi que les courses en traîneaux sont, pour les gens du nord, un des meilleurs préliminaires pour goûter les délices d'une table délicate et bien servie.

Rien en général n'est plus utile à la santé, en hiver, que quelque marche précipitée, ou un exercice de corps quelconque fait à l'air libre. Les contractions alternatives des divers muscles contribuent, par le frottement, à produire un accroissement de chaleur naturelle, qui se développe en outre par l'action stimulante de l'air extérieur : la circulation en devient plus vive et plus animée ; il se fait une distribution uniforme d'une chaleur douce et bienfaisante, et toutes les fonctions de la vie semblent prendre une marche nouvelle : le bien-être qui succède annonce assez qu'on a rempli le vœu de la nature. L'exercice du corps peut même faire résister à l'action du froid le plus violent, et garantir de son atteinte. Les Hollandais qui abordèrent au Spitzberg eurent occasion de reconnaître combien ce moyen naturel de fomenter la chaleur animale est préférable à celui que produit la présence des matières en combustion. Ceux qui restèrent sédentaires dans des huttes bien closes auprès d'un grand feu, périrent de froid, au lieu que ceux qui firent beaucoup d'exercice à l'air libre, furent conservés.

On sait qu'un froid extrême peut agir si fortement sur la tête, qu'il s'ensuive un sentiment de constriction dans cette partie, un état d'insensibilité, et enfin un sommeil mortel, si on ne prévient le danger par un exercice violent. BOERHAAVE rapporte dans ses écrits, qu'étant obligé de voyager par un temps très-froid, il commençait déjà d'éprouver ces symptômes dans sa voiture, qu'il descendit aussitôt, et qu'il évita une mort imminente par une marche rapide et de longue durée.

## DES BOIS DE CHAUFFAGE.

On appelle bois de chauffage celui qui se vend à Paris sur nos chantiers, et qui est compris sous le nom de *bois de corde*, *cotret*, *fagot*, etc. c'est ordinairement du hêtre, du charme, du chêne, des branchages de taillis. Le hêtre et le charme sont les meilleurs. Le chêne vieux noircit; le jeune vaut mieux : il ne faut pas que l'écorce en soit ôtée : le châtaignier est pétillant; le bois blanc, tel que le peuplier, le bouleau, le tremble, etc., ne donnent presque point de chaleur.

Le bois de *chêne*, de *charme*, de *hêtre* ou d'*orme*, le *charbon de terre*, la *tourbe*, sont les matières qui, le plus universellement, servent de chauffage. Le bois est, sans contredit, le chauffage le meilleur, le plus sain, et en outre celui qui s'allie le plus avec la propreté des apparte-

mens. Les autres combustibles répandent toujours une odeur sulfureuse désagréable, qui noircit tout, et exhalent une vapeur qui n'est pas
toujours sans inconvénient pour la santé. C'est à
l'usage du charbon de terre ou de la houille
comme combustible qu'on attribue en Angleterre
cette maladie qui y est endémique, le *spléen*.

## Du Bois de Hêtre.

Ce bois dure long-temps en lieu sec; il est incorruptible sous l'eau, dans la fange, dans les
marécages; mais il périt bientôt s'il est exposé
aux alternatives de la sécheresse et de l'humidité :
c'est le meilleur de tous les bois à brûler et à faire
du charbon.

## Du Bois de Charme.

Le bois du charme est blanc, compacte, in-
traitable à la fente, et le plus dur de tous les bois
après le buis, l'if, le cormier, etc.; cependant, de
tous les bois durs, le charme est celui qui croît
le moins lentement. On débite son bois pour le
charronnage, et principalement en bois à brûler.

Ce bois est excellent pour le foyer, et il donne
beaucoup de chaleur, qu'on dit être saine. C'est
aussi l'un des meilleurs bois pour le charbon, qui
conserve long-temps un feu vif et brillant, comme
celui du charbon de terre; ce qui le fait rechercher pour les fourneaux de verrerie.

## Du Bois de Chéne.

Nul bois n'est d'un usage si général que celui du chêne; il est le plus recherché et le plus excellent pour la charpente des bâtimens, la construction des navires, pour la menuiserie, le charronnage, etc.

C'est aussi l'un des meilleurs bois à brûler et à faire du charbon. Les jeunes chênes brûlent et chauffent mieux; et font un charbon ardent et de durée; les vieux chênes noircissent au feu, et le charbon, qui s'en va par écailles, rend peu de chaleur et s'éteint bientôt. Les chênes plards, c'est-à-dire dont on a enlevé l'écorce sur pied, brûlent assez bien, mais rendent moins de chaleur.

## Du Bois qui procure le plus de chaleur.

Quel est le bois qui procure le plus de chaleur, soit pour cheminées ou poêles, soit pour la cuisine? Tel est le point essentiel que tout économe, que toute mère de famille desire connaître; car le bois coûte beaucoup d'argent, et plus une mesure donnée de bois produira de chaleur et de braise, plus profitable elle sera dans le ménage. Or, l'expérience prouve, d'après les calculs de l'auteur du *Schweizer Bote*, que, à volume égal, le plus haut degré de chaleur est fourni par le hêtre ou fayard, et par le charme. Ce volume étant porté à 100, les autres espèces d'arbres employées au chauffage seront, par rapport au hêtre et au charme, dans la proportion suivante :

Frêne, 96. — Érable, 86. — Mélèze et Bouleau, 80. — Chêne et Pin ordinaire, 76. — Sapin rouge, 72. — Sapin blanc, 70. — Aulne ou Verne, 66. — Maronnier, 62. — Tremble, 58. — Tilleul, 48. — Peuplier, 45. — Saule, 40.

### *Réflexions sur le Charbon de bois.*

Les meilleurs bois pour faire du charbon sont le jeune chêne, le charme et le hêtre.

On fait une espèce de charbon avec le charbon fossile, en enflammant cette substance dans des fourneaux, et en l'éteignant dans l'eau : par ce moyen on fait dissiper une matière sulfureuse qui répand une mauvaise odeur ; c'est pourquoi on l'appelle *charbon désulfuré* ; il est pour lors plus aisé à allumer ; il répand bien moins de fumée ; il devient plus sonore et plus brillant.

Le charbon de bois dur donne beaucoup plus de chaleur, mais il pétille davantage. Les charbons de bois tendre, comme le bouleau, le tremble, le peuplier, le tilleul, le pin, ne pétillent point, et ils adoucissent les métaux.

Le charbon qui n'est pas assez cuit a une couleur grisâtre : il produit une flamme blanche, se rompt difficilement, et brûle comme le bois ;

c'est ce qui le fait appeler *fumeron*. Au contraire, le bon charbon est léger, sonore, en gros morceaux brillans, et se rompt aisément. On estime surtout celui qui est en rondin, et qui n'est pas chargé d'une grosse écorce. Le charbon se conserve mieux dans les caves que dans un endroit sec.

Le charbon de bois est le corps le plus durable de la nature : il est incorruptible, et c'est cette qualité qui l'a fait employer anciennement par les Égyptiens dans l'embaumement de leurs corps.

## Sur le Charbon minéral ou Houille.

Le *charbon de terre*, dont presque tous les ouvriers à forge se servent, est une substance inflammable mélangée de terre, de pierre, de bitume et de soufre ; une fois allumée, elle conserve le feu plus long-temps, et sa chaleur est plus vive que celle du charbon de bois. Le feu la réduit en cendres, ou en une masse poreuse et spongieuse, qui ressemble à des scories ou à de la pierre-ponce.

On distingue ordinairement deux espèces de charbon minéral : la première est grasse, dure et compacte ; sa couleur est d'un noir luisant, comme celle du jayet : il est vrai qu'elle ne s'enflamme pas trop aisément, mais quand elle est une fois allumée, elle donne une flamme claire et brillante , accompagnée d'une fumée fort épaisse : c'est la meilleure espèce.

Les charbons de la seconde espèce sont tendres, friables et sujets à se décomposer à l'air ; ils s'allument assez aisément, mais ils ne donnent qu'une flamme de peu de durée ; ils sont inférieurs à ceux de la première espèce : c'est la différence qui se trouve entre ces deux espèces de charbons fossiles qui semble avoir donné lieu à la distinction que quelques auteurs font du charbon de terre et du charbon de pierre. Les charbons fossiles de la première espèce se trouvent profondément en terre, et ils contiennent une portion de bitume plus considérable que ceux de la seconde. En effet, ces derniers se trouvent plus près de la surface de la terre ; ils sont mêlés et confondus avec elle et avec beaucoup de matières étrangères, et leur situation est vraisemblablement cause qu'ils ont perdu la partie la plus subtile du bitume qui entre dans leur composition.

Le charbon de terre est d'une grande utilité dans les usages de la vie. Dans les pays où le bois n'est pas commun, comme en Angleterre et en Écosse, on s'en sert pour le chauffage et pour cuire les alimens ; et même bien des gens prétendent que les viandes rôties à un pareil feu sont meilleures ; il est certain qu'elles sont plus succulentes, parce que le jus y est plus concentré. Les habitans du pays de Liége donnent le nom de houille au charbon minéral. Pour le ménager, les pauvres gens le réduisent en une poudre grossière qu'ils mêlent avec de la terre glaise; ils travaillent ce mélange comme on ferait du mortier; ils en forment ensuite des boules ou des espèces de gâteaux, qu'on fait sécher au soleil pendant l'été. On brûle ces boules avec du charbon de terre ordinaire; et quand elles sont rougies, elles donnent pendant fort long-temps une chaleur douce et moins âpre que celle du charbon de terre tout seul.

### Manière d'allumer le Charbon de terre ou Houille dans les cheminées.

Mettez sur la grille un lit d'environ deux pouces de charbon de terre; placez dessus çà et là cinq ou six charbons de bois bien allumés; recommencez à mettre du charbon de terre jusqu'au haut de votre grille, et même davantage, en rangeant les morceaux de façon que ce qui excédera la grille ne tombe point : votre feu sera allumé en peu de temps. Si vous voulez que le charbon s'allume encore plus promptement, mettez, en l'arrangeant, quelques charbons de bois bien allumés de place en place dans le tas de charbon de terre.

Pour entretenir ce feu, ayez soin, lorsque le

tas s'affaissera, ou que vous y verrez de grands
vides, de frapper avec la pincette sur la grille
pour faire affaisser encore davantage, et vous y
ajouterez de nouveau charbon noir et les escarbilles ou morceaux qui seront restés de la veille;
car ce charbon est en état de servir au chauffage
tant qu'il se trouve en morceaux plus ou moins
gros : il faut les remettre dans le tas jusqu'à ce
qu'il soit réduit en cendres, ayant seulement
l'attention de ne le pas mettre seul, mais de le
mêler avec du nouveau charbon, et le placer çà
et là dans le tas.

Nous croyons absolument superflu d'exposer
les avantages du charbon de terre, et de ré-
pondre à ce qu'on a dit ou écrit contre son usage;
il n'y a plus que ceux qui n'ont pas voulu observer ce chauffage, soit dans les salles publiques,
soit chez les particuliers qui en chauffent leurs
appartemens, qui s'imaginent encore qu'il a de
grands inconvéniens.

On ne croit plus que la fumée ou vapeur de
ce charbon soit plus malsaine que celle du bois.
Au reste, il donne beaucoup moins de fumée que
le bois; encore n'en donne-t-il qu'en s'allumant;
une fois devenu rouge, il n'en sort presque rien.
C'est encore une fable, de dire que les peintures
et meubles des appartemens soient noircis par le
chauffage de ce charbon, non plus que le linge
et les habits des personnes qui habitent les pièces

où on tient ce charbon allumé tout le jour : les couleurs les plus tendres n'en sont pas plus gâtées que par les feux de bois. Il est d'ailleurs évident que l'on voit rarement fumer les cheminées chauffées avec le charbon de terre ; ce qui est l'effet du peu de fumée que donne ce charbon, et de la manière dont il est élevé et supporté. Enfin, quand le tas de charbon est bien rangé, la fumée s'élève du milieu seulement, en colonne qui perce facilement l'air, et se trouve, par sa position, déja introduite dans le tuyau de la cheminée ; au lieu que le bois fumant de toutes ses parties, et surtout des bouts, ni la flamme, ni le courant de l'air ne favorisent son élévation.

La principale précaution est de l'allumer une heure avant la nécessité d'en jouir ; après quoi il aura l'avantage de donner une chaleur égale, plus continue que celle d'une cheminée garnie de bois, et surtout à moindres frais. Ce feu est vif, puisqu'on ne peut pas en approcher aussi près que des feux de bois de même étendue, ni y faire rôtir les alimens qu'à une plus grande distance.

Ce chauffage éloigne encore la crainte des incendies, n'étant pas sujet à rouler, à pétiller comme le bois, ni à fournir une suie abondante, facile à enflammer.

## Sur la chaleur produite par le Charbon en motte.

M. Szen de Neustad, sur l'Orla, recommande comme très-avantageux l'usage des mottes préparées avec le poussier ou le charbon pilé, auquel on ajoute $\frac{1}{70}$ de son poids d'eau. La durée de la combustion, le peu de fumée et l'économie, sont des motifs suffisans pour attirer l'attention sur ce sujet.

Voici quelques-uns des cas présentés dans le mémoire de M. Szen, sur la durée de la combustion, qui est en raison du carré du diamètre de la motte.

| POIDS. | DIAMÈTRE. | DURÉE DE LA COMBUSTION. |
|---|---|---|
| $\frac{1}{2}$ once. | $1\frac{1}{3}$ pouce. | 3 heures. |
| 1 | $2\frac{1}{3}$ | $7\frac{3}{4}$ |
| 2 | $2\frac{3}{4}$ | 12 |
| 8 | $4\frac{1}{3}$ | 30 |
| 16 | $5\frac{1}{2}$ | 48 |

## Procédé pour la carbonisation de la Houille en gros morceaux.

Les procédés que l'on va décrire pour la carbonisation de la houille ont été communiqués par M. Jeanson à la société d'encouragement pour l'industrie nationale. Ils sont employés depuis long-temps dans divers établissemens en France, mais inconnus dans beaucoup d'autres; c'est pourquoi j'ai cru devoir en parler dans cet Ouvrage.

On choisit un emplacement disposé de manière que l'eau ne puisse y séjourner. On range les morceaux de houille en couches et en plate-bandes de quatre pieds (un mètre trente centimètres) de large, sur quarante à cinquante pieds (treize à seize mètres) de long, et neuf à dix pouces (vingt-quatre à vingt-sept centimètres) d'épaisseur, disposées en dos d'âne. On laisse un espace de six pieds (deux mètres) entre chaque plate-bande, qui sert à éteindre la houille lorsqu'elle est réduite en coak.

Lorsque le charbon est placé en couches, on met le feu avec du menu bois à l'extrémité de la plate-bande qui se trouve placée sous le vent, afin qu'il puisse en parcourir toute la longueur.

A mesure que le feu s'étend et que la houille se gonfle, on la couvre avec du brasier que l'on réserve toujours entre les plate-bandes.

Dès que le feu a parcouru toute l'étendue de la planche, on découvre la partie où l'on a commencé le feu, pour reconnaître si la carbonisation est au degré convenable; dès-lors on retire le charbon avec un râteau de fer sur les intervalles ménagés pour l'éteindre, puis on le range à couvert.

Toutes les houilles ne sont pas propres à la carbonisation; différens essais qui ont été faits sur les houilles du département de l'Allier en ont offert la preuve. De trois exploitations qui existent dans ce département, à deux et trois lieues de distance les unes des autres, la première, appelée *les Bréaux*, ou *Gabeliers*, donne un coak dur, lourd et terreux; la seconde, appelée *Fins*, à deux lieues de distance, se carbonise très-bien, et égale en qualité les meilleurs coaks anglais; la troisième, nommée *Noyan*, à une lieue de la précédente et sur la même colline, ne se carbonise pas du tout : elle se réduit en entier, et n'est propre qu'aux maréchaux et aux grilles.

## Manière de purifier le Charbon de terre à la Chine.

Plusieurs montagnes de la Chine sont remplies de mines de charbon, qu'on a ouvertes depuis peu de temps sur le bord des rivières. On les exploite par un canal qu'on a fouillé jusqu'auprès de la mine, et par ce moyen, le charbon est chargé dans des barques à mesure qu'on la fouille. Ce charbon est mou, gras, friable, facile à se réduire en poussière, et semblable à celui qu'on appelle en Angleterre *charbon de culm*.

Comme les Chinois ne font point leur feu dans des cheminées ouvertes et garnies de grilles, mais

bien dans des poêles fermés, ils purifient ordinairement le charbon avant de l'employer ; et
pour cela, on creuse des puits très-profonds dans
les environs des mines. D'après l'esprit d'économie qui règne parmi les Chinois, et que leur im-
mense population rend peut-être nécessaire, la
poussière même du charbon n'est point perdue.
Il y a des gens qui gagnent leur vie à ramasser
cette poussière, à la mêler avec une pareille
quantité de terre molle ramassée dans les marais, et à en faire des briques qu'on fait sécher au
soleil, pour être transportées dans les districts
où il ne se trouve point de charbon.

## De la Tourbe.

C'est une terre brune, inflammable, formée
par la pourriture des plantes et des végétaux, et
que l'action du feu réduit en une cendre jaune ou
blanche.

On peut compter deux espèces de tourbe ;
l'une est compacte, noire et pesante. Les plantes
dont cette espèce est composée sont presque entièrement détruites et changées en terre, et l'on
n'y en trouve que très-peu de vestiges : c'est la
tourbe de la meilleure qualité. La bonne tourbe
de Hollande est de cette espèce ; quand elle est
allumée, elle conserve le feu pendant très-long-
temps ; elle se consume peu-à-peu après avoir

été convertie en charbon, et elle se couvre entièrement d'une enveloppe de cendres blanches.

La seconde espèce de tourbe est brune, légère, spongieuse ; elle ne paraît que comme un amas de plantes et de racines qui n'ont presque point été détruites, et qui n'ont souffert que très-peu d'altération ; cette tourbe s'enflamme très-promptement, mais elle ne conserve point sa chaleur pendant long-temps.

Comme le bois est très-cher et très-rare en Hollande, la tourbe est presque l'unique chauffage qu'on y connaisse ; et les habitans sont forcés de diminuer continuellement le terrain qu'ils occupent pour se le procurer. La tourbe, en brûlant, répand une odeur incommode pour les étrangers qui n'y sont point accoutumés ; mais cet inconvénient est compensé par la chaleur douce que donne cette substance, qui n'a point l'âpreté du feu de bois ni du charbon de terre.

Plus la tourbe est compacte et pesante, plus elle chauffe et conserve la chaleur ; voilà pourquoi on est en usage de la fouler et de la pétrir en Hollande. D'après le principe que plus les corps sont denses, plus ils s'échauffent, LIND, écossais, a proposé, dans les *Essais d'Edimbourg*, un moyen de rendre la tourbe encore plus dense, et il croit qu'alors elle serait propre à être employée pour le traitement des mines de fer au fourneau de forge ; pour cela il croit qu'il faudrait écraser la tourbe molle et humide sous des meules, et ensuite en former des masses; mais ce moyen n'enlèverait point à la tourbe son acide, qui est ce qui la rend le plus nuisible dans le traitement des mines de fer.

Le meilleur moyen que l'on ait imaginé jusqu'à présent, est de réduire la tourbe en charbon, c'est-à-dire de la brûler jusqu'à un certain point, et de l'étouffer ensuite; par ce moyen elle sera dégagée de son acide, et deviendra propre aux travaux de la métallurgie.

On voit par ce qui précède, que la tourbe peut être d'une très-grande utilité; et dans les pays où le bois devient de plus en plus rare, on devrait s'occuper à chercher les endroits où l'on pourrait en trouver. Jacob Faggot, de l'académie de Suède, a inséré dans le dixième volume des *mémoires* de cette académie, plusieurs expériences qu'il a faites pour prouver que l'on peut se servir de la tourbe pour chauffage avec le plus grand succès; et il compare ses effets à ceux du bois. Avant de faire ses expériences, il a pesé la quantité de bois et celle de tourbe, et il a observé la quantité d'eau que chacune de ces substances faisait évaporer, et la durée du feu qu'elles ont produit.

Il ne faut pas confondre la tourbe avec des terres noires et bitumineuses qui ont aussi la propriété de s'enflammer.

Le feu de tourbe n'a aucun besoin d'être souf-
flé ni attisé ; il est doux , égal, excellent, par cette
raison, pour cuire et préparer les alimens. Ce feu
se conserve plus facilement et plus long-temps
que celui de bois.

## COMBUSTIBLE ARTIFICIEL.

### *Boules inflammables* de M. le Comte de RUMFORD.

Ces boules sont composées d'égales portions
de terre glaise , de charbon de terre et de charbon de bois réduits en poudre. On mêle bien le
tout après l'avoir humecté ; on en forme des boules de la grosseur d'un œuf de poule, et on les
fait bien sécher.

On peut les rendre inflammables au point de
prendre feu à la moindre étincelle , en les trem-
pant dans une forte solution de nître, et les faisant sécher ensuite.

L'auteur pense qu'on peut y ajouter avec avantage de la paille hachée ou de la sciure de bois.

Les avantages de ce chauffage sont la propreté
et l'économie.

### *Briquettes économiques de Charbon de terre.*

La recette suivante , pour composer des briquettes économiques , est tirée d'un Ouvrage

Anglais publié par le docteur *Willich*, sous le titre : *Domestic Encyclopedia.*

Prenez deux parties de terre argileuse, dont on a soin de séparer toutes les pierres, et une partie de charbon de terre écrasé, et passé au crible. Mêlez bien le tout, et le mouillez suffisamment pour en former une pâte ; faites-en des boules ou des tourteaux de 3 à 4 pouces de diamètre, et laissez-les sécher. Lorsque ces masses ou briquettes sont parfaitement sèches, si on les met sur un feu bien allumé, elles s'enflamment aussitôt, et donnent une forte chaleur. Cette espèce de chauffage coûte quatre fois moins que le charbon, et fait un tiers d'usage de plus.

### Autres Briquettes.

Cette composition est tirée du même Ouvrage. Les briquettes se composent principalement de terre glaise ou de fiente de vaches, de boue des rues, de sciure de bois, de gazon, de crottin de cheval, de paille, et surtout de débris du tan. On peut y ajouter du verre en poudre, de la poix, du goudron, du marc des huiles, ou toute autre matière combustible et à bon marché ; on mêle le tout avec de la poussière de charbon de terre. On fait un trou rond en terre, du diamètre de 5 à 6 pieds, et dont le fond est pavé en briques.

Il faut d'abord y délayer une certaine quantité de terre glaise, puis on ajoute une partie des autres ingrédiens, que l'on mêle bien; on remet de la terre, ensuite de ces mêmes substances, et on continue à remuer et ajouter de la terre chargée des autres ingrédiens, jusqu'à ce que le tout soit bien mêlé, et prenne une consistance telle qu'on ne puisse plus le remuer; on laisse reposer le mélange et évaporer l'humidité jusqu'à ce que la masse soit susceptible d'être divisée en morceaux.

On a des moules de bois de sapin d'environ 4 pouces de diamètre; on en mouille l'intérieur pour que la masse ne s'y attache pas; on saupoudre cette masse avec de la sciure de bois, et on la met dans les moules par parties, qu'on fait enfin sécher en plein air, ou sous un hangard.

*Procédé pour faire des Briques de charbon de terre pour brûler dans les foyers domestiques; d'après* M. CARREY.

On est en usage, dans toute la Flandre, de consommer du charbon de terre sous la forme de petites briques, ou de boules de la grosseur d'un boulet de canon de dix à douze livres de balles.

La manipulation, pour donner au charbon l'une de ces deux formes, n'est ni dispendieuse, ni difficile : on prend un baquet, ou bien une grande futaille coupée en deux ; on la remplit jusqu'au tiers avec de la bonne argile : celle dont on se sert communément en Flandre est rougeâtre.

On achève de remplir d'eau ce baquet ou demi-futaille, à 5 pouces près du bord, et on délaie l'argile avec cette eau le mieux qu'il est possible.

On prend ensuite du charbon de terre pilé (il est encore mieux de le passer à la claie); on en fait un tas, au milieu duquel on fait une ouverture en rond, à-peu-près comme quand on veut faire fuser de la chaux au milieu d'un tas de sable avec lequel on veut la corroyer; on remue l'eau du baquet, afin qu'elle soit bien chargée de glaise ; on en verse un seau sur cette ouverture , dans laquelle on mène et ramène le charbon de terre pilé de la circonférence au centre , et réciproquement avec un râble de bois, ou une truelle à long manche, de la même manière qu'on fait le mortier de chaux et de sable, jusqu'à ce que le tout soit en consistance de mortier un peu épais; alors on procède à en fabriquer des briques ou des boulets.

Il n'y a pas encore trente ans que ces briques se moulaient à plat sur la table, comme on moule les briques à bâtir ; mais le mortier de charbon n'ayant pas assez de force ni de liaison pour qu'on pût toujours l'enlever dans le moule, on était obligé de manier une seconde fois les briques qui s'étaient rompues en tombant : pour remédier à cet inconvénient, on imagina de placer sur la table à mouler une planche inclinée, formant une espèce de pupître, dont la partie la plus basse est près du mortier, et la plus haute touche le ventre de l'ouvrier : sur ce pupître il établit son moule, et le promenant du bas de son pupître en haut pour le retirer à lui, il lui est facile d'enlever la brique, en portant son moule verticalement jusqu'à l'emplacement où il faut mettre la brique à terre pour l'exposer à l'air et la laisser sécher ; cette manœuvre se fait en plusieurs endroits sans le secours de la table, en posant le pupître contre le mortier de charbon : il n'y faut que de l'habitude.

Il en coûte encore moins de préparatifs ou d'appareil pour donner au mortier de charbon la forme de boulets ; il suffit de prendre de ce mortier plein ses deux mains, et de le retourner sur tous les sens, en les appuyant fortement l'un contre l'autre, jusqu'à ce qu'on ait fait une boule, dont les parties soient bien unies, comme on fait des boules de neige : cette dernière manutention est bien simple ; mais l'ouvrier avance moins qu'avec les moules de briques, dont on peut faire jusqu'à six briques à la fois.

On fabrique ordinairement ces briques dans des greniers ou d'autres endroits couverts ; on les étend à terre, et vingt-quatre heures après leur fabrication elles ont acquis un degré de sécheresse suffisant pour qu'on puisse les relever et les mettre en pile, à l'abri des injures du temps. Plus les briques de charbon de terre sont sèches, et moins elles sont sujettes à se briser ; quinze jours suffisent pour qu'elles aient acquis la consistance et la dureté nécessaires, et pour être bonnes à brûler.

Dans cet état on en remplit les grilles des poêles et des fourneaux ; il faut mettre de la paille, des copeaux ou du bois menu pour allumer le feu.

Les entrepreneurs des mines de charbon pourraient faire de ces briques à très-bon compte avec le fraisil du charbon, qui est trop menu pour le placer sur les grilles dans les usages domestiques.

On conçoit que l'argile qui sert de liaison à la brique de charbon conserve au feu une grande chaleur, et qu'elle l'augmente en même temps qu'elle retarde la consommation du charbon ; de manière que si le feu de charbon de terre ordinaire peut durer cinq heures, le feu de ces briques en peut durer huit.

### Combustible économique.

Ugo Platt, dans son *Trésor de la Nature et des Arts*, publié en 1594, offrit de vendre une recette pour composer un combustible qui durât plus et coûtât moins que le charbon fossile. Un exemplaire de cet Ouvrage, devenu fort rare, est à Manchester, dans la bibliothèque publique de Chettham. Il paraît que GOSSLING, marchand de Londres, eut une copie de cette recette, et qu'il la rendit non-seulement publique, mais encore qu'il la fit imprimer à ses frais sur des feuilles volantes, et distribuer à Londres et dans les environs, afin que les pauvres pussent préparer eux-mêmes ce combustible économique. Voici la traduction d'une de ces feuilles :

« Prenez une charge de marne ou d'argile dure,
» faites-en dissoudre un quart dans l'eau, en la
» mêlant avec une pelle jusqu'à ce qu'elle se ré-
» duise à la consistance d'une pâte molle; ajoutez-
» y un autre quart de fragmens de charbon ou de
» poudre de charbon, en mêlant bien le tout en-
» semble jusqu'à ce que l'on obtienne une ma-
» tière convenablement épaisse pour pouvoir la
» jeter en forme et lui faire prendre la figure de
» copeaux, éclats de bois, petits bâtons, etc.

» On peut en un jour en préparer assez pour
» se chauffer *trois mois*. On pourrait aussi y ajou-
» ter quelques matières combustibles analogues
» au pays où l'on serait, telles que tourbes, frag-
» mens de végétaux, rognures de bourreliers et
» de cordonniers, résidus de fumiers et autres
» matières semblables. »

Dans les pays où l'on peut avoir pour peu ou pour rien la poudre de charbon, la fabrication de ces sortes de briques doit être encore plus avantageuse; et l'addition d'une portion d'argile lorsqu'elle est bien pétrie et mêlée, sert à lier les fragmens du charbon, et peut aussi servir à accroître et à maintenir la chaleur pendant la combustion.

*Mélange du charbon de terre avec le marc de raisins, qui fournit un combustible économique, et dont la chaleur convient à une multitude d'usages dans les Arts.*

M. Cossé a trouvé le moyen de préparer, avec le marc de raisin distillé, une matière qui, mêlée avec le charbon de terre ordinaire, lui donne une qualité, et en augmente le volume du double. Cette préparation le rend propre à forger les plus grosses pièces en fer et en acier, sans être obligé d'y ajouter du charbon de bois : par le moyen de ce mélange, les soudures les plus considérables peuvent se faire sans l'addition d'absorbans. Il rend le fer très-malléable, sans l'aigrir ni faire couler dans la chaude ; il donne une qualité supérieure aux instrumens tranchans, et il peut être employé avec avantage dans les manufactures d'armes, ateliers où l'on travaille le fer et l'acier. On peut encore étamer et souder le cuivre avec ce charbon; ce qui n'a jamais pu se faire qu'avec le charbon de bois. Cette découverte, en un mot, réunit le triple avantage de procurer aux cultivateurs de la plupart des provinces le moyen de tirer parti des marcs de raisin qui leur sont inutiles, et qu'ils jettent; de diminuer la consommation du charbon de bois, ainsi que celle du charbon de terre, et de faire jouir les ménages d'une modération dans le prix.

*Combustible fait avec mâchefer et terre.*

Les cendres ou mâchefer sortant des forges des serruriers et autres, mêlées avec une quantité donnée de boues de Paris, de terre glaise, etc., séchées au soleil, s'allument très-bien avec peu de bois, échauffent promptement les poêles, et s'y consument très-lentement. J'en ai fait l'expérience, dit M. Renaud, en présence de plusieurs personnes, et je m'en sers utilement. Je me borne à assurer que ces matières ne répandent aucune mauvaise odeur en les brûlant dans des poêles.

*Combinaison de l'emploi du Combustible dans les poêles, fourneaux, etc.*

Le moyen proposé consiste à mélanger du charbon bitumineux et du poussier de charbon, que l'on convertit en coke à la manière ordinaire. On n'indique pas de proportions dans ce mélange ; mais on observe que l'économie étant, dans ce cas, le but qu'on cherche à atteindre, plus on incorporera de poussier, mieux on remplira ce but.

## Moyen de chauffer un appartement sans faire usage de combustibles ordinaires, et à peu de frais.

Il s'agit d'avoir une boîte d'étain (1), dans laquelle on met un ou plusieurs morceaux de *chaux vive*, après les avoir trempés dans l'eau froide : on ferme la boîte hermétiquement ; deux minutes après, il n'est plus possible de la toucher, tant elle est brûlante. La chaleur qui en sort est douce, et propre à vivifier les plantes dans les serres. Les infirmiers des hôpitaux, qui emploient l'eau bouillante pour chauffer les lits des malades trouveront un avantage et moins d'embarras dans l'usage de ces boîtes. Les voyageurs pourront en placer dans leurs voitures, et les femmes dans leurs chauffe-pieds : on pourra également s'en servir à bassiner les lits et à entretenir une chaleur tempérée dans l'appartement d'un malade. Le peuple, à l'aide de ce moyen économi-

---

(1) On peut se servir d'un pot de fer ou de terre ; mais l'étain est préférable, en ce qu'il s'échauffe plus vite, et qu'il conserve plus long-temps sa chaleur.

que, ne courra plus les risques d'être asphyxié par les vapeurs du charbon; les accidens occasionés par le feu, dans les lieux où il n'y a point de cheminées, seront moins fréquens, etc. Je ne détermine point la grandeur de la boîte; elle doit être proportionnée à celle de l'appartement : la forme cylindrique me paraît la meilleure. Lorsque la matière qu'on a employée a entièrement perdu sa chaleur, on en substitue d'autre successivement; et la chaux étant une fois éteinte, peut toujours servir à l'emploi auquel on la destine ordinairement.

*Moyen d'augmenter la chaleur du feu dans une chambre, sans employer plus de bois.*

Ce moyen consiste à se servir des cendres du même bois, et à jeter de l'eau dessus une assez grande quantité pour en faire une pâte que l'on pétrit avec la pelle à feu; cette espèce de mortier étant fait et pétri bien ferme, on l'arrange dans le foyer, entre les deux chenets, sur une épaisseur de trois à quatre pouces; on en fait aussi deux petites élévations de chaque côté, le long des chenets, pour donner de l'air et réunir la chaleur. On met ensuite les tisons et le bois sur ce foyer humide, et on allume le feu. La chambre, en s'échauffant peu-à-peu, augmente de plus en plus la chaleur, et la renvoie autour du foyer. Si l'on met un peu de ce mortier derrière le bois, dans le fond de l'âtre, la chaleur qu'il repoussera directement se fera sentir encore plus.

*Moyen de réduire la consommation du combustible dans la plupart des opérations des Arts; d'après* sir WILLIAM CONGRÈVE.

Le procédé de l'auteur consiste dans l'emploi de la chaux, de la pierre à chaux et de toute autre substance susceptible d'être convertie en chaux par l'action de la chaleur, comme un auxiliaire du combustible dont on se sert, soit pour dégager le gaz du charbon dans les appareils d'éclairage, soit pour chauffer les chaudières des pompes à feu, des brasseries, des distilleries, des raffineries et toute espèce de fourneaux. Pour obtenir cet effet auxiliaire, il faut se servir du combustible de la manière accoutumée, et appliquer en outre la chaleur à la calcination d'une certaine quantité de chaux ou de toute autre substance calcaire.

Les appareils de M. CONGRÈVE consistent, 1.° en un fourneau ordinaire destiné à recevoir le charbon de terre, la tourbe ou le bois, et 2.° en une chambre placée immédiatement au-dessus et séparée de la précédente par une grille qui supporte la pierre à chaux: c'est dans cette dernière chambre que se trouve la paroi inférieure du récipient , ou de la chaudière qui renferme la substance qu'on veut échauffer.

L'auteur assure qu'il suffit d'employer une quantité de chaux égale au septième du poids du charbon pour *doubler* l'effet calorifique de ce dernier, et que les deux tiers de la fumée du charbon sont consumés par leur passage au travers de la chaux; en sorte que la fumée qui s'échappe par la cheminée se trouve réduite au sixième de ce qu'elle est maintenant.

### Chauffage au moyen de la Vapeur.

M. TREDGOLD , dans un Ouvrage sur les avantages qui résultent du chauffage par la vapeur, a présenté des résultats trop remarquables pour que nous ne soyons pas empressés de recommander à tous nos manufacturiers et fabricans la lecture de cet Ouvrage, dû à la plume d'un ami des arts et de l'humanité. La source générale du chauffage est une chaudière d'où partent des tuyaux de conduite qui distribuent la vapeur dans toutes les salles à échauffer : une chaleur douce et uniforme se répand dans toutes les parties du bâtiment. Le plus grand nombre des fabriques, en Angleterre, a depuis long-temps adopté ce procédé , aussi sûr qu'économique. Dans ce pays , les filatures, les amphithéâtres, les bâtimens publics, sont chauffés par la vapeur. M. Tredgold a indiqué les constructions nécessaires à ce mode d'échauffement ; l'économie n'est pas le seul avantage qu'on retire de ce procédé ; la santé des ouvriers occupés dans divers ateliers prouve aussi, par les comparaisons qui en ont été faites, que ce nouveau mode est encore utile à l'humanité. L'auteur n'a rien négligé pour rendre son Ouvrage complet : il décrit avec soin les fourneaux, foyers, chaudières, tuyaux de conduite et de condensation, ventilation et les diverses parties accessoires de l'appareil, telles que soupapes, siphons de sûreté, robinets, etc. On distinguera surtout trois chapitres dont nous pourrons donner un extrait : le premier traite du chauffage des bâtimens publics, tels que théâtres, écoles, amphithéâtres ; le deuxième comprend le chauffage des hôpitaux, hospices, infirmeries et prisons ; le troisième enfin donne des détails circonstanciés sur le chauffage des serres, et en général de tous les établissemens qui ont pour objet d'acclimater les plantes. M. Tredgold n'a point basé ses calculs et ses formules sur une simple théorie, l'expérience a tout justifié. Nous faisons des vœux pour que la lecture de cet Ouvrage contribue à répandre en France un procédé de chauffage qui présente à la fois sûreté, salubrité et économie.

### *Méthode pour chauffer les Appartemens et les Établissemens publics au moyen de la vapeur;* d'après NEIL-SNODGRAS.

La méthode employée dans les blanchisseries anglaises pour sécher les mousselines, et qui consiste à faire passer le tissu sur un cylindre de fer-blanc, dans lequel circule la vapeur, a suggéré à l'auteur l'idée d'employer la vapeur à chauffer les filatures de coton et les maisons, à l'aide d'un appareil particulier.

Pour cet effet, il fit construire des tuyaux d'étain, qu'il disposa verticalement dans l'atelier, et qu'il réunit par des tubes destinés à l'évacuation de l'eau de condensation. L'appareil de chauffage ressemble, à quelques égards, à celui d'une machine à vapeur. L'auteur a fait construire une chaudière ronde de cuivre, de 2 pieds de diamètre, sur une égale profondeur, pouvant contenir trente gallons d'eau. Il la fit recouvrir d'un grand chapeau de cuivre, destiné à servir de réservoir à la vapeur, qui, en passant par un tuyau de cuivre, entre dans un tuyau d'étain, et se répand ensuite dans les tubes verticaux. Les tubes perpendiculaires sont réunis entr'eux sous le plancher du grenier par d'autres tuyaux, afin que la vapeur puisse circuler plus librement. Celui du milieu traverse ce plancher, et communique avec un autre tuyau de 36 pieds de long, placé horizontalement, et destiné à chauffer le grenier.

L'eau condensée dans les tuyaux perpendiculaires découle le long de leurs parois, et est conduite par le moyen de plusieurs petits tuyaux dans la chaudière. Comme elle y arrive très-chaude, il suffit d'une petite quantité de combustible pour la remettre en ébullition.

Les grands tubes ont 10 pouces de diamètre, et sont de tôle étamée. Les dimensions des petits tubes sont proportionnellement plus petits, et pourraient probablement être modifiées sans inconvénient.

Cet appareil n'a exigé aucune réparation considérable depuis sa première construction. Comme le but principal est d'économiser le combustible, et d'en obtenir le plus de chaleur possible, on a fait circuler la fumée dans des tuyaux de terre établis dans le gros mur du bâtiment, et isolés, afin de le mettre à l'abri de tout danger d'incendie.

On voit que cet appareil peut être établi dans de vieux bâtimens. Dans ceux à construire, on pourrait le disposer de manière à le faire coïncider avec la distribution intérieure.

L'auteur a présenté à la société des arts de Londres des certificats constatant que plusieurs filatures de coton ont été échauffées avec son appareil. La société lui a décerné une médaille d'or, et un encouragement de quarante guinées.

## Moyens d'augmenter l'effet du feu de la cheminée en brûlant moins de bois.

Ayez une plaque de forte tôle de toute l'étendue de la cheminée ; appuyez-la sur trois ou quatre barres de fer. Il faut qu'elle ait un rebord qui règne des quatre côtés pour retenir les cendres ; en sorte que, placée, elle fasse comme un second âtre au-dessus de l'autre. Elle sera bientôt échauffée dès qu'il y aura du feu dessus ; ce qui forme dessous une espèce de four dont la chaleur se répand dans la chambre. Ce dessous est encore fort commode, soit pour se chauffer les pieds, soit pour tenir chauds des mets, etc. Enfin, il écarte la fumée, et permet de transporter le feu d'une cheminée dans une autre avec célérité et propreté.

*Nota.* On aurait dû avertir que pour avoir la chaleur de cet âtre élevé, il ne faut pas laisser dessus beaucoup de cendres, ce qui est un inconvénient, car les cendres un peu épaisses favorisent le feu, entretiennent la chaleur de l'âtre après que le feu est diminué ou éteint.

Il y a de ces âtres élevés supportés par un châssis à roulettes de fer, qui en facilitent le transport : celui-ci se fait sans danger pour le feu, quand il y a sur les côtés et au fond un entourage de forte tôle haute d'un pied et plus.

Pour profiter davantage du feu des cheminées, il s'en fait dont les côtés sont ouverts ou à jour, avec ou sans grillage ; de sorte que l'on peut se chauffer sur les côtés comme par-devant ; mais il faut pour cela que le corps de la cheminée soit saillant et avancé dans la chambre ; il y a même de ces cheminées isolées des murs.

*Méthode pour se procurer une chaleur très-douce dans des Appartemens de telle grandeur qu'ils puissent être , par le moyen du feu d'une seule cheminée, inventée par M. DURAND.*

L'on fait creuser l'âtre de la cheminée, sur toute sa largeur et profondeur, d'environ 8 à 10 pouces. Autour du trou que l'on vient de faire, l'on fait construire un petit mur élevé jusqu'à un pouce et demi au-dessous du niveau du carreau de l'appartement; l'on pratique des ouvertures à ce mur pour y faire passer des tuyaux dont il est parlé ci-après; ensuite l'on fait garnir le fond du trou de mâchefer, sur lequel l'on fait mettre un carreau bien mince ; après quoi on fait construire une ventouse qui amène de l'air de la rue ou de la cour, dans un tuyau de tôle auquel l'on a donné plusieurs replis (afin que cet air, en passant dans ce tuyau, puisse y séjourner assez long-temps pour acquérir une chaleur fort douce ), et qui de là va rejoindre un autre tuyau, également de tôle, qui doit être posé sur le devant du feu, et où sont percés plusieurs trous qui répondent à des tuyaux de terre que l'on fait passer sous le carreau, et que l'on conduit à volonté dans les différens endroits de l'appartement, principalement à chaque coin. Cela fait, vous couvrez votre trou d'une plaque de fonte, et la faites bien boucher, pour que l'air ne puisse pas en sortir. Les personnes qui sont assujetties au travail du bureau peuvent également faire conduire ces tuyaux auprès d'elles : l'air qui en sort, ayant acquis une chaleur raisonnable en passant dans les tuyaux qui sont posés sous l'âtre du feu, procure une chaleur douce et agréable, qui dispense même de s'approcher du feu ; ce qui est un grand avantage, puisque cela empêche que l'on ne se brûle les jambes et d'avoir mal aux yeux. Au moyen de ce que nous venons de dire, l'appartement le plus vaste peut être chauffé par le feu d'une seule cheminée. L'auteur éprouve tous les jours lui-même les bons effets de son invention.

## Sur l'utilité de l'air enfermé pour la conservation de la chaleur.

Depuis que les physiciens s'occupent de rechercher quels sont les meilleurs et les plus mauvais conducteurs de la chaleur, on a déjà fait dans la pratique d'excellens usages de l'air renfermé pour conserver et augmenter la chaleur ; cependant il reste sans doute plus à faire qu'on n'a fait jusqu'ici, principalement pour les travaux qui exigent une haute température.

La plupart des corps qui sont connus comme mauvais conducteurs de la chaleur, ne se conservent plus tels à une température élevée ; ils éprouvent un changement qui leur fait perdre plus ou moins cette qualité. Dans les hautes températures, l'air renfermé et tranquille est le seul conducteur applicable. Dans la plus grande chaleur il conserve sa nature ; il se condense et s'étend seulement selon les degrés de la température, et par cela même sa qualité de mauvais conducteur augmente plutôt qu'elle ne diminue. On enveloppe facilement d'air tout espace dans lequel la chaleur doit être conservée et rendue plus forte.

Le comte de RUMFORD, et d'autres savans, ont recommandé l'air renfermé comme un mauvais conducteur de chaleur, et en ont eux-mêmes tiré le meilleur parti ; mais ni une théorie juste, ni une pratique heureuse n'ont pu jusqu'ici rendre ce procédé aussi général qu'il mérite de l'être ; c'est ce qui m'a engagé à faire connaître le succès qu'on en a obtenu dans les essais suivans, et qu'on peut en obtenir dans bien des cas semblables.

M. OSTMANN DE LEGN, de Honebourg, près d'Omabruck, a employé ce procédé dans un four à goudron au pied du Piesberg. Parmi les divers procédés pour extraire cette substance, il choisit la cloche et le manteau, entre lesquels le goudron est dégagé par le feu.

On fait ordinairement à cette espèce de four un manteau de 2, 3 et même 4 pieds d'épaisseur, et on le couvre encore avec de la terre. Cela

produirait peut-être une température durable ,
mais on y perd beaucoup plus de combustible. M. Ostmann, en enveloppant la cloche
d'un manteau mince, mais double, laissait un
espace de 3 pouces pour l'air : l'effet était si
surprenant, que la chaleur, à la surface extérieure et dans toute la hauteur de l'air renfermé,
était à peine sensible à la main , au lieu que la
calotte de 21 pouces d'épaisseur était brûlante.
Cet effet devint encore plus sensible lorsque
le propriétaire, remplaçant l'air renfermé par
du sable sec, changeait le manteau double en un
simple : après ce changement , chaque opération
ne demandait que la moitié du combustible, mais
elle durait trente-six heures de plus. La différence
aurait été sans doute plus grande si l'espace d'air
renfermé avait été continué jusqu'au-dessus de la
calotte.

Un second essai fut fait par M. de Roeselager,
à Eggermichlen. Une chaudière de brasseur ,
dont le fond seul avait été touché du feu, fut tellement entourée d'un manteau, que sa surface
en fut couverte jusqu'aux deux tiers; non-seulement la surface ne s'échauffa pas, mais elle n'était
pas même sèche après plusieurs semaines. Le
brassin ne demandait, après cet arrangement, que
le quart du combustible ordinaire.

On peut obtenir ces heureux résultats dans
d'autres établissemens , et même dans ceux qui

exigent une haute température, comme les séchoirs, les alambics, les fours de charbonnier, de boulanger, de tuilier, de potier, etc. Ce procédé est encore applicable aux verreries. Si la surface extérieure de la voûte des fours de réverbère était enveloppée d'un manteau, on ne tarderait pas à s'apercevoir d'une économie considérable dans le combustible. L'intensité de la chaleur serait plus forte, mais les ouvriers en souffriraient moins, parce qu'ils sont ordinairement plus incommodés par le calorique qui s'élance de la surface extérieure du fourneau, que par la chaleur qui s'échappe des bouches du four.

Dans les machines à vapeur, la difficulté est de conserver le degré de chaleur nécessaire à l'état de vaporisation, pour que les vapeurs arrivent au lieu de leur destination sans perdre leur élasticité. L'expérience a démontré que deux tuyaux, dont l'un reçoit et transmet les vapeurs, et l'autre sert à envelopper l'air autour de lui, ne laissent rien à desirer à cet égard. Il est bon d'observer qu'afin d'empêcher que la dilatation de l'air enfermé ne brise les tuyaux, il faut que l'air trop dilaté puisse s'ouvrir une issue à lui-même au moyen d'une soupape.

## *Nouvelle méthode de chauffer les liquides par la vapeur;* d'après M. TAYLOR.

L'auteur emploie la vapeur à une température plus élevée que celle de l'eau bouillante; il la conduit dans des tuyaux ou des réservoirs plongés dans le liquide qu'il s'agit de chauffer; il en règle le courant, en maintient la pression, et chasse l'eau de condensation par le moyen de robinets et de soupapes convenablement disposées.

Les tuyaux ou les réservoirs à vapeur de M. TAYLOR ont une très-grande surface relativement à leur capacité; ils sont placés dans les vaisseaux ou chaudières de manière à rester immergés et couverts par le liquide tout le temps de l'opération. La meilleure forme qu'on puisse leur donner est celle de petits tubes cylindriques ou courbes, parce qu'alors ils présentent en effet une grande surface sous un petit volume, et qu'en outre ils peuvent être disposés en rond, en spirale, en lignes brisées, en un mot, s'adapter à toutes les formes de vaisseaux ou de récipiens; ils sont d'ailleurs de la sorte bien plus capables de résister à la force expansive de la vapeur, en même temps qu'ils transmettent au liquide toute la chaleur avec bien plus de rapidité.

Il est facile de sentir les avantages de ce procédé; il donne la faculté de produire un grand degré de chaleur, de le régler et de le maintenir;

d'entretenir l'ébullition des liquides les plus denses, tels que les sirops et les solutions salines, et de rendre facile et sans danger l'emploi de la vapeur à haute pression, même pour la chaudière de la plus grande dimension. Il peut s'adapter à tous les vaisseaux, alambics, chaudières, cuves, terrines ou autres récipiens déjà en usage, sans altérer nullement leur forme; les tuyaux peuvent être placés au fond des vaisseaux ou au milieu, droits, couchés ou inclinés, et peuvent être ajustés l'un à l'autre avec autant de facilité que de perfection. En général, il convient de les placer au fond des vaisseaux, et de manière qu'ils soient toujours couverts par le liquide. On proportionne la surface échauffante à la quantité de liquide qu'il s'agit de faire bouillir, et à son degré de capacité pour le calorique. Lorsque le vaisseau est de forme circulaire, le tuyau à vapeur en plomb ou en cuivre doit être roulé en volute ou spirale plate, et couvrir le fond, sauf l'espace plus ou moins petit laissé entre les spires pour donner une plus ou moins grande quantité de chaleur : dans ce cas, il est avantageux de faire arriver la vapeur par le centre de la spirale.

Le tuyau d'entrée et celui de sortie de la vapeur peuvent passer par-dessus les bords du vaisseau, ou bien traverser la paroi ou le fond : sur le premier on adapte un robinet à index qui sert à régler le courant de vapeur et à le supprimer même tout-à-coup. Sur le tuyau de sortie est un pareil robinet, mais plus petit, et dont le service, se combinant avec le premier, règle la pression de la vapeur et son degré de calorique.

Lorsque le vaisseau est carré ou rectangulaire, il est préférable de construire les tuyaux parallèles et en fer fondu, en réunissant les extrémités par des petits tuyaux coudés ou courbes, et de les faire reposer sur le fond du vaisseau ou sur des supports convenables. Pour des vaisseaux ou des chaudières d'une autre forme, on ferait des modifications analogues.

Enfin, la manière la plus économique d'employer la vapeur, est de faire agir ce fluide lorsqu'il est capable de produire une pression d'au moins 3 kilogrammes par centimètre carré, ou 4o livres sur un pouce carré, ce dont on s'assure par une soupape de sûreté, ou lorsqu'il est à environ 14o° centigrades.

*Manière de disposer l'Atre des cheminées pour qu'il en sorte plus de chaleur dans la chambre; moyen de mieux échauffer les grandes pièces, les pièces froides, sans brûler plus de combustible.*

Les cheminées, et particulièrement celles des grandes villes, sont sujettes à la fumée, soit parce que leurs tuyaux n'ont pas assez de capacité, soit parce qu'il y en a un trop grand nombre rapprochés.

On a tenté beaucoup de moyens pour remédier à ces inconvéniens, et il est arrivé très-souvent que les derniers des manœuvres, comme les empiriques en médecine, ont surpris la confiance des personnes instruites; leur charlatanisme a fait des dupes, et néanmoins les moyens proposés par les savans, et fondés sur la physique, ont été négligés, ou parce qu'ils n'ont pas été annoncés avec la même audace, ou parce qu'ils n'ont pas été applicables à tous les cas possibles.

On peut *prévenir la fumée* par la construction de quatre cloisons ou languettes dans l'intérieur de la cheminée. Deux de ces languettes partent du bas à quelque distance du manteau de la cheminée, remontent, et se rapprochant par la partie supérieure à moins du quart du tuyau, qu'elles divisent en trois parties à-peu-près égales. Les deux autres partent du faîte, où elles divisent le tuyau en trois parties égales, descendent, en s'élargissant entre elles, à plus des trois quarts de la cheminée, et divisent aux deux côtés, en parties égales, l'espace qui se trouve entre les premières languettes et les deux cloisons latérales de la cheminée : c'est ainsi qu'il s'établit constamment un courant d'air qui, venant du faîte à chaque côté de la cheminée, aboutit dans l'intérieur, en parcourant librement l'espace ménagé à l'ex-

3

trémité des languettes descendantes, entre celles-
ci et les languettes montantes, de manière que la
fumée n'aurait pas de tendance vers le bas du
foyer.

*On augmentera la chaleur des cheminées* par des
contre-plaques placées sur le sol, aux côtés et au
fond du foyer. L'espace que ces contre-plaques
laissent entre elles et les vrais parois du foyer, est
garni de tringles qui forment autant de tuyaux
par lesquels la chaleur se répand dans l'appartement, au moyen de deux trous ou embouchures
ménagés en dehors de chaque jambage de la cheminée, pour faciliter la circulation de l'air extérieur d'un bout à l'autre de ces tuyaux.

## *Des Atres de cuisine économiques, et des moyens de les améliorer.*

(Traduction de l'anglais.)

Il est généralement connu et incontestable que
le feu trop dégagé sur l'âtre de la cuisine, consume beaucoup plus de bois que les poêles de
chambre. Cette espèce de feu mérite donc une
attention particulière, vu qu'on l'entretient tous
les jours, et dans bien des maisons presque toute
la journée.

Ce feu, comme l'on sait, n'est concentré par
rien. Quoique le pot soit sur le feu, quoique le
feu, en plaçant bien le bois, enveloppe pour

ainsi dire le pot, et que le flamme monte autour de lui, l'air néanmoins, qui arrive librement de tous les côtés, s'empare de la plus grande force du feu, la fait monter et la chasse par la cheminée. Néglige-t-on d'ailleurs d'y veiller, de rapprocher le bois, ordinairement long, à mesure qu'il brûle, il arrive souvent que le feu ne touche nullement au pot, tombe de dessus l'âtre à terre, et expose la maison à un incendie.

La trop grande consommation qui se faisait dans ma propre cuisine, m'engagea à m'occuper des moyens d'amélioration. A force d'essais et de travail, je suis parvenu à trouver les moyens et les avantages suivans. Il faut,

1.° Que le feu soit renfermé;

2.° Que le petit bois nécessaire brûle sur un gril;

3.° Que l'air ne puisse en approcher qu'en bas, par le gril par où il passe, et donne l'action nécessaire au feu.

4.° La chaleur est forcée de faire deux fois le tour du pot, au moyen des conduits construits pour cet effet, et la chaleur se détache ainsi de la fumée.

5.° Pour éviter une trop grande action de l'air, qui diminue la chaleur, on peut fermer la porte du cendrier, et ne donner passage que par l'ouverture pratiquée dans cette même porte.

Par cet arrangement, le feu se trouve si bien

concentré, et si bien employé, qu'on épargne un tiers de bois ; que la cuisine peut se faire avec moins de peine et de temps, et plus proprement. Mais, pour ne rien perdre de ces avantages, il est nécessaire de régler la longueur du bois sur chaque procédé de feu. Ici, le diamètre du pot peut servir de règle pour la longueur, et la grosseur peut aller à un, deux, et jusqu'à trois pouces. Il est inutile de remarquer que lorsqu'on ne fait qu'une soupe ou un mets qui n'exige pas beaucoup de temps, on doit se servir du bois le plus menu, surtout avec de petits pots, afin qu'il ne reste pas de tisons, qui se réduisent peu-à-peu en cendre en pure perte.

Il est encore à observer que, lorsqu'il s'agit d'allumer un fourneau, il faut ouvrir la trappe et la porte du cendrier.

Pour allumer, il faut être muni de bois menu et sec, qu'on met sur le gril. Dès que le feu brûle, on met le pot. Si on manque de bois résineux, on fend un petit morceau de bois plusieurs fois par un bout seulement, et on l'attendrit avec le gros bout d'une hache. Ce bout, ainsi cassé, s'allumera facilement à une chandelle ou à une lampe, et servira à allumer le feu sur le gril.

Pour cet effet, il faut naturellement du bois sec, qu'on se procure, si l'on en manque, de la manière suivante.

Quand le pot est enlevé du fourneau, celui-ci,

sans qu'il y reste de feu, conserve encore assez de chaleur pour sécher tout le bois nécessaire en recommençant à faire la cuisine. Ce fourneau se couvre d'un couvercle, pour mieux conserver la chaleur, et pour n'avoir pas à craindre que le bois ne s'y allume. Cette précaution assurera toujours à la mère de famille ou à la cuisinière une quantité suffisante de bois sec, et on n'aura jamais à se plaindre du bois vert.

On sent également la nécessité de faire tomber la suie, de temps à autre, dans les fourneaux et dans leurs conduits, afin qu'elle n'en rende pas le passage trop étroit. De même on aura soin de tirer la cendre du cendrier, pour ne pas embarrasser la circulation de l'air à travers le gril.

Quand la fumée incommode dans une cuisine, et qu'au défaut de bois on est réduit à brûler du charbon de terre ou de la tourbe, on peut y remédier aisément, comme il a été déjà dit ailleurs. Pour cela, on ferme la cheminée à la hauteur de la cuisine; on laisse dans la fermeture une ouverture pour les cas de fumée et de vapeur. Dans cette ouverture, entre un tuyau principal qui reçoit les petits tuyaux de chaque fourneau. Par ce moyen, on n'aura plus à se plaindre de l'incommodité de la fumée.

## *Du Feu des Broches.*

Le feu des broches n'est ordinairement renfermé d'aucun côté; l'air froid l'attaque de toute part, en diminue la force, l'agite et fait monter la flamme presque sans effet, et on peut avouer que neuf dixièmes de la chaleur sont perdus pour la broche.

Comme notre palais gâté et délicat ne renoncera guère à la broche, ce qui serait le plus sûr moyen d'économiser du bois à cet égard, il faut au moins chercher à mettre des bornes à la grande consommation que le feu des broches occasione.

Je propose donc, pour remédier à ce mal, ou au moins le diminuer, un nouveau procédé d'après lequel il est évident que,

1.° Le feu brûlera plus facilement, se trouvant sur un gril; le phlogiston ne se dissoudra pas tant en fumée, et se détachera mieux de la cendre: il doit donc produire plus d'effet et occasioner moins de malpropreté.

2.° L'air ne peut maintenant diminuer la force du feu que par un côté, et la chaleur opérera non-seulement d'un côté, mais aussi en parcourant, dans son ascension, une espèce de demi-arche.

3.° Comme cette demi-arche arrête la flamme par les degrés de sa montée, et que l'arche échauf fée renvoie sa chaleur sur la broche, une moindre quantité de bois produit autant d'effet que ci-devant une plus grande.

4.° Le bois étant réduit en braise, on avance la broche plus près du mur; et ainsi, par la réverbération de la braise, du mur et de la demi-arche crénelée, la viande sera bientôt cuite, et d'un bon goût.

Chacun verra soi-même dans quel endroit de la cuisine il conviendra d'établir sa broche. Voici la règle générale qu'on peut donner à ce sujet. Il faut que ce soit dans un endroit où ladite demi-arche puisse être adossée contre un mur, et contre-gardée par quelques barres de fer.

En établissant ainsi la broche d'un côté de l'âtre de la cuisine, l'espace de celle-ci se trouvera moins rétréci, le feu sera plus éloigné, et la chaleur n'en incommodera plus les cuisiniers.

## *Vice de nos appartemens et de nos cheminées.*

On convient généralement que l'air trop vif incommode dans tout appartement; qu'en alimentant le feu, il vient en accourant refroidir ceux qui se trouvent près de la cheminée; qu'il s'introduit par toutes les ouvertures qu'il peut rencontrer dans tout ce qui enclot la salle, la chambre, etc.

Malgré cette certitude , on a assez peu de précautions pour laisser toujours ouvertes grande
quantité de fentes ou trous par où l'air pénètre.
Tantôt c'est une porte ou c'est une fenêtre mal
jointe, mal faite, ou à moitié fermée ; tantôt c'est
l'escalier trop voisin de l'appartement et trop ouvert qui communique à celui-ci la plus grande
froidure ; tantôt c'est le tuyau, et souvent trop
vaste, par où l'air, descendant du toit, vient assié-
ger les familles, qui croient s'en garantir en faisant
plus grand feu, tandis que c'est positivement en
consumant une plus grande quantité de bois que ce
même air est attiré de dehors ; tantôt ce sont des
avaries ou lézardes aux murs, surtout aux cloisons,
et qui, par leur petitesse, échappent à tous les
yeux ; voire même le trou du lavoir, que toujours l'on néglige de condamner, et par où sans
cesse l'air coule dans la chambre, salle ou cuisine.

On convient généralement que l'on perd la
majeure partie de la chaleur produite par le feu
dans toute cheminée : en effet, ce feu ne lance-
t-il pas ses rayons divergens, à droite et à gauche ,
contre les jambages ? au fond, contre le mur de
refend ou mitoyen ? au bas, profondément au-dessous de l'âtre ou du foyer ? Enfin, l'action du feu
avec la flamme partent encore par le tuyau ; que
reste-t-il donc pour l'appartement ? Un seul côté
de la cheminée , où l'on espère en vain recevoir
plus de chaleur.

Voilà donc le bois brûlé presque sans aucun profit; et je viens d'en convaincre, en observant de plus que sur six directions du feu dans chacune de nos cheminées, il n'en est qu'une seule qui peut nous être profitable; encore celle-ci ne fait point entièrement la sixième partie de la chaleur qui se fait sentir, puisque l'air, l'espace et la matière impropre en diminuent la quantité.

On convient encore que les vases exposés au feu de cheminée n'en sont jamais atteints en leur convexité que dans un seul point; et c'est là cette difficulté de pouvoir faire cuire les denrées; car, pour y parvenir, l'on est souvent obligé d'entourer la rotondité des pots et marmites avec des charbons ardens; ressource funeste qui occasione une plus grande consommation de ce genre de combustible : bien plus, ces vases reposant immédiatement sur l'âtre, ne sauraient être bien échauffés par leur fond ou cul; ce qui jadis fit recourir aux crémaillères, aux trépieds, aux réchauds, aux grilles; expédiens encore funestes, en nous obligeant dès-lors à employer les menus bois, tels que fagots, broussailles, cotrets et autres de cette espèce bien inflammables. En effet, sans eux pourrait-on faire chauffer le dessous des pots et marmites? Il faut nécessairement que ce soit leur flamme, vu que ces outils additionnels aux ustensiles de cuisine sont si surhaussés, et sur lesquels les vases se trouvent en-

core échafaudés. Qui ne reconnaît ici cette nouvelle consommation de bois, par ceux que je dé-
cris, puisqu'ils ne produisent qu'une flamme fu-
gitive et trop promptement passée?

Mais on ne convient pas, ou plutôt on se cache
à soi-même que le feu fait dans nos antiques cheminées nous est encore bien autrement nuisible
par un autre fait que je vais expliquer.

Chacun se rappelle sans doute que les bouts des
branches ou des bûches retirés du feu, ont alors
perdu cette activité nécessaire pour une nouvelle
combustion, ou bien qu'ils se trouvent privés de
ce principe inflammable sans lequel on ne saurait ni bien se chauffer, ni bien faire cuire les
mets. Les tisons, en effet, dénués de ce suc vé-
gétal, soit résineux, visqueux, gommeux, ac-
queux, ou si l'on veut séveux, par l'ardeur du
feu qui a attiré à lui; cet aliment indispensable en
brûlant les branches ou bûches par le milieu,
ainsi que tout le monde a pu s'en convaincre par
le petit bruit ou sifflement qui s'opère, et par
l'eau ou sève que l'action du feu en fait découler;
les tisons, dis-je, restant en cet état pour ainsi
dire nuls, tels que le sont les charbons étouffés
que débitent au peuple tout boulanger, causent
véritablement une autre perdition de bois.

Voilà le mal que procure la constante habitude
de placer tout en travers de nos cheminées,
comme branches ou bûches. Voilà des vérités

constantes que nul auteur n'a pris encore la peine d'exposer. Cependant cette perte de combustible aussi manifeste est bien considérable ; et je ne crains point de la porter à un quart de toute la consommation ; de manière qu'en réfléchissant sur la provision de bois dont chaque famille croit devoir faire emplette, il arrive qu'il ne lui en profite que pour les trois quarts de cette même provision.

Que l'on juge maintenant de l'énorme quantité de cet autre dégât que tous les feux ensemble d'un si vaste pays tel que le nôtre occasione tous les jours, et l'on reconnaîtra qu'un tel déficit ajouté à tous ceux que je viens de montrer, est bien fait pour alarmer tous ceux pour qui l'économie est une nécessité, ou qui prennent part à la prospérité et au bien-être de notre chère patrie.

*Soins qu'apportent les Étrangers à leurs Logemens, comparés au peu d'attention que nous prenons des nôtres. — Nouvelles précautions à suivre.—Rares avantages des Briques cuites.*

Il existe une grande différence entre la qualité de l'air atmosphérique et celle de l'intérieur des maisons. C'est précisément ce que l'on remarque à peine dans les pays tempérés ; nous prévalant de la bonté du nôtre, nous y bâtissons si légèrement ; nous y distribuons si inconsidérément, et pour tout dire enfin, nous sommes si indifférens, que nous ne daignons pas même veiller à ce qui nous gêne, jusqu'à nous refuser de faire la réparation la plus minutieuse dans aucun appartement, préférant y supporter le froid, comme toute autre incommodité.

Il est certain que les Suédois, les Danois habitant le nord, se trouvent forcés de séparer les deux températures; je veux dire l'air du dehors d'avec l'air de leurs demeures; et en celles-ci ils s'y trouvent si bien, qu'ils n'y portent en hiver que des habits légers comme dans le plus fort de l'été; tandis que les Français, sous un climat moins âpre, sont contraints de se vêtir dans leurs appartemens tout aussi chaudement que dans les rues ou aux champs.

Mais enfin n'est-il pas plus raisonnable de nous délivrer de ces doubles habillemens; de nous dispenser de ces feux extraordinaires que nous faisons à nos cheminées, en prenant le soin de rechercher les causes qui nous conduisent à tant de souffrances, comme à tant de frais? Je m'arrête ici; ils deviendraient trop longs ces raisonnemens pour aller maintenant les déduire; il est plus intéressant que je passe de suite aux remèdes à apporter.

Que chacun aie donc l'attention d'interdire tout passage à l'air extérieur, en faisant calfeûtrer ses portes et ses croisées; qu'il fasse une visite gé-

nérale pour voir si aux murs et cloisons de sa
salle, chambre ou cuisine, il n'existe pas des fentes et crevasses ; qu'il mette un tampon au trou
du lavoir, même des caches vis-à-vis les clés des
serrures ; enfin, qu'il fasse condamner l'air dans
le tuyau de la cheminée, si ce n'est dans celui
qui reste aux nouveaux foyers dont je parlerai
plus loin.

Sur quoi j'observerai avec certitude que tout
feu concentré, en procurant beaucoup plus de
chaleur, use beaucoup moins de bois. Cette vérité, qui n'a pas été assez sentie, engagera, je
l'espère, chaque famille à prendre l'habitude de
laisser librement brûler le bois dans la cheminée,
pour dorénavant le faire consumer dans un espace
étroit et resserré, comme le pratiquent les pâtis-
siers et boulangers. Pour aider à l'augmentation
de la chaleur dans chaque logement, il existe un
moyen sûr et unique que l'aveuglement de l'esprit
humain a jusqu'au moment où j'écris cet Ouvrage
laissé échapper : je veux parler de la *brique*, de ce
combustible supérieur qui est la perfection même.

Où trouver une seule personne qui ne sache
pas que la terre cuite, par sa nature ferrugineuse,
absorbe et en même temps retient beaucoup de
calorique ou de chaleur ? En est-il de même des
métaux, quels qu'ils soient, puisqu'ils sont aussitôt refroidis qu'ils sont échauffés ? Où est celui
ou celle qui ignore que cette terre admirable fait

cuire à propos et assez promptement toutes nos denrées; même que dans nos vases de terre nos mets y sont meilleurs, et les seuls propices à notre constitution, à notre santé? tandis que dans le cuivre, la tôle, le fer-blanc, ils y contractent un goût et une odeur toujours désagréables, et souvent dangereux. Est-il même un enfant qui n'ait appris qu'une brique exposée au feu est le seul et le plus salutaire remède pour échauffer les pieds d'un malade ?

C'est d'après ces qualités supérieures de la terre cuite, que, pour éviter l'emploi des métaux, on s'est jeté sur celui des poêles de faïence ; d'ailleurs, on y a été naturellement porté, soit pour raison de convenance, soit pour celle de salubrité, soit encore pour plus de propreté.

Si empêcher l'air de pénétrer dans l'appartement, rétrécir le foyer, concentrer le feu, faire usage de briques, ne suffisaient pas encore ; si la fumée, cet inconvénient grave, venait, après toutes ces précautions, à se manifester ; ne craignez rien, mon cher lecteur, je vous ferai part, plus loin, de différens procédés pour vous en débarrasser.

# De l'établissement d'une Cheminée de chambre économique.

### (Traduction de l'anglais.)

Les lumières du siècle où nous vivons s'étendent sur tous les objets, même sur ceux qui souvent ne nous paraissent pas importans; et les plus petites choses sont dignes de nous occuper, dès qu'elles influent seulement de loin sur le bien général ou particulier. D'après cela, pourrait-on me savoir mauvais gré, puisque je traite ici de l'économie à faire sur le bois, d'entrer dans les plus grands détails sur ce sujet? Me flattant du contraire, je me suis déterminé à exposer les moyens d'améliorer les cheminées de chambre, pour que cet Ouvrage ne laissât rien à desirer aux personnes qui voudraient y puiser quelque chose pour leur instruction.

Les cheminées qui ont été en usage jusqu'à présent nécessitent une grande consommation de bois : la flamme qui contient le plus grand degré de chaleur, s'échappe rapidement par l'ouverture spacieuse qui se présente au-dessus d'elle. A la vérité, la plupart des anciennes cheminées ont des soupapes ou trappes qu'on ferme quand le bois est consumé; mais ceci ne suffit point; car pour peu qu'il y ait encore de flamme, on ne doit pas s'en aviser, si l'on ne veut pas être incommodé de la fumée.

L'extinction de la flamme ayant ensuite permis de fermer la soupape, le reste de la braise jette encore une faible lueur, laquelle n'est produite que par l'âtre, où le bois s'est consumé dans un large espace. Le fond et les côtés de la cheminée, d'ailleurs très-large et épaisse, n'ayant guère contracté de chaleur à cause de l'ascension trop rapide, n'en peuvent guère communiquer à la chambre : à cela il faut ajouter, qu'en raison de l'ouverture haute et large de la cheminée, l'air circule si fort et si librement de la chambre à la cheminée, qu'en approchant même près du feu on ne sent qu'une chaleur très-faible.

Mes essais relatifs à tous les autres procédés de feu, et les principes généraux que je dois à mon étude et à l'expérience, m'ont fait trouver aussi les moyens de rendre les cheminées plus économiques, et de remédier à tous les inconvéniens que l'usage des anciennes faisait éprouver.

La structure et la disposition de ma cheminée tendent à faire trouver une espèce de poêle, qui néanmoins réponde au but et à la forme de la cheminée.

Par ce moyen, la chaleur s'arrête si long-temps et fait si souvent le tour de la cheminée, que, pour peu que celle-ci soit grande, elle parcourt un passage de soixante pouces avant qu'elle puisse quitter entièrement le bas de la cheminée. C'est en cela que ma cheminée répond à un poêle ; car la fumée, obligée de monter et de descendre souvent dans l'intérieur de la cheminée, dépose la chaleur si bien, qu'à l'endroit où elle entre dans le tuyau de la cheminée, elle n'en contient presque plus. Cette fumée, déjà presque refroidie, ne peut plus emporter la moindre étincelle, et n'expose plus à aucun danger.

Cette cheminée ressemble à un poêle, en ce que toutes ses parties sont traversées par des conduits. Ainsi sa face, ses côtés, ses colonnes et ses cintres répandent une chaleur agréable, douce et modérée ; et sa partie inférieure et ouverte procure, par le feu qu'on y voit brûler, l'agrément et l'avantage d'une cheminée de l'ancien goût.

Même quand tout le bois est consumé, et qu'on a fermé la trappe, on sent encore, pendant plusieurs heures, la chaleur qui pénètre partout le corps de la cheminée.

Je suis persuadé que si dans deux chambres de la même grandeur, l'une avec une cheminée de ma façon, l'autre avec une ancienne, on met un thermomètre, on trouvera que, pour obtenir une égale chaleur, celle-ci exige trois quarts de bois de plus que la première.

J'ai encore à observer que le tuyau de cette cheminée doit être étroit par en bas, et s'évaser à mesure qu'il s'élève.

Pour pouvoir ramoner le tuyau de la cheminée, il faut y pratiquer une ouverture hors de la chambre, et au-dessus du conduit qui entre dans le tuyau de la cheminée : cette ouverture sera fermée par une porte de fer-blanc bien ajustée, qu'on bouchera soigneusement tout autour, afin que la fumée ne puisse pas pénétrer : c'est par-là que passe le ramoneur. Le ramonage fait, on rebouche la porte avec la même précaution que la première fois. Sa place sera celle qui donnera le plus de facilité pour entrer dans le tuyau ; en quoi le connaisseur en fait de construction se réglera sur le local et la position de la cheminée.

Avant de finir, il me reste à parler d'une disposition à laquelle je conseille d'avoir égard pour rendre l'ascension de la fumée plus facile.

On sait que les tuyaux de cheminées sont différemment et souvent mal disposés ; aussi ne tirent-ils souvent pas comme il faut ; à cela se joint que la cheminée elle-même ne tire pas d'abord aussi fort et aussi bien que lorsque le feu a déjà brûlé quelque temps et échauffé la cheminée. De démolir pour cela la cheminée et la faire reconstruire, c'est ce qui ne convient pas à tout le monde, et nécessite une grande dépense Or, pour n'être pas incommodé de la fumée, en conservant même l'ancien tuyau avec une cheminée de ma façon, je propose pour moyen sûr la disposition suivante.

Le foyer se couvre d'une plaque de fer à quatre pouces de hauteur de plus ; en formant le foyer on scelle, dans le mur de devant, un châssis à coulisse proportionné à la hauteur et à la largeur du foyer ; ce châssis recevra un store de vingt-huit pouces de haut, et aussi large que l'ouverture de la cheminée qui répond au foyer. Le jeu du store doit être tel, qu'il puisse servir à former l'âtre à la hauteur de cinq pouces.

Quand le bois est mis dans la cheminée, on descend en effet le store à cinq pouces de l'âtre, ensuite on allume. L'air, qui ne trouvera qu'un passage de cinq pouces de haut, circulera avec plus de force, mettra d'abord la fumée pour ainsi dire en train, et le store empêchera qu'elle n'entre dans la chambre en allumant le feu, et avant que le bois soit tout-à-fait embrâsé. Le feu étant bien en train ou le bois presque brûlé, on peut relever le store avec sûreté.

La manière de pratiquer convenablement dans le mur de devant ce store pour qu'il ne paraisse pas, n'embarrassera nullement l'homme versé dans l'art.

## Moyen économique de chauffer les Manufactures ; d'après M. BEWLEY.

L'auteur a eu l'idée d'employer au chauffage de sa filature de coton la chaleur perdue dans un four à chaux. Ce four est fermé à la partie supérieure par une plaque en fonte de fer, du milieu de laquelle s'élève un tuyau de fonte qui porte au dehors l'acide carbonique et la fumée, et ce tuyau passe à travers un autre plus large, donnant passage à l'air, et qui, commençant à une séparation en briques qui enveloppe la partie supérieure du four, vient s'ouvrir dans les pièces de la filature, et y verse l'air échauffé.

La filature chauffée par ce procédé, qui est très-économique, contient cinq pièces de cinquante pieds de long sur vingt de large ; la température est de vingt-six centigrades. Le four à chaux a onze pieds de haut sur seize pieds à son grand diamètre : on le remplit de pierres à chaux et de combustible par une porte qui s'ouvre à sa partie supérieure, et deux fois en vingt-quatre heures.

### Moyen de chauffer les Fourneaux employés pour le grillage et la réduction des minerais ; d'après M. Neville.

L'auteur a obtenu une patente pour un moyen perfectionné de chauffer les fourneaux et autres appareils employés pour le grillage et la réduction des minerais, la fusion des métaux et autres substances ; moyen qu'il emploie aussi à chauffer les cuves ou chaudières dont on se sert pour produire de la vapeur, pour distiller, pour faire la bière, pour la teinture, le sucre et le savon, et pour toute opération en général où l'on a besoin de chaleur. Cette méthode produit une grande économie de combustible, et une combustion plus complète de la fumée, que celle qui a lieu par les procédés ordinaires; elle a en outre l'avantage de ramasser et de conserver toutes les substances volatiles contenues dans les minerais métalliques dont la séparation ne s'opère qu'au moyen de la chaleur, et de s'appliquer aux opérations qui ont pour but de cuire ou de dessécher diverses substances dans les fours ou sur des planches, etc.

## Nouvelles Serres chauffées par la vapeur; d'après M. BAILEY.

Le chauffage des serres par le moyen de la vapeur est plus économique, plus commode et plus utile que le chauffage par les poêles. En effet, au lieu d'un grand nombre de feux qu'on entretient dans les serres, un seul feu de coke donne le degré de chaleur nécessaire. On peut établir les fourneaux et chaudières à une distance arbitraire dans la maison ou dehors; on évite la fumée. Si les plantes sont trop sèches, il suffit d'ouvrir un robinet et de répandre la vapeur humide dans la serre, ce qui fait grand bien à plusieurs végétaux, surtout aux ananas, qui en deviennent plus gros. Dans les serres à vapeur on n'a pas besoin de couvrir les plantes où les couches. Le danger du feu est moindre; aussi M. BAILEY recommande ce procédé pour les bibliothèques, les manufactures, les salles d'assemblées, etc.; le même appareil qui chauffe les serres peut servir à chauffer les vestibules, salles, etc.

## Des moyens d'économiser le Bois dans la distillation de l'eau-de-vie.

(Traduction de l'anglais.)

Les feux, dans les établissemens d'eau-de-vie, sont encore généralement de nature à occasioner une grande consommation de bois. Je n'entrerai point, sur cette matière, dans de longs détails; mais je communiquerai avec franchise, aux gens de ma profession, les dispositions nouvelles que j'ai faites à cet égard dans ma propre maison : placées à côté des anciennes, elles prouveront d'elles-mêmes, de la manière la plus évidente, les grands avantages qui en résultent.

Je ne m'étendrai donc point ici sur quelques avantages accessoires dont elles sont accompagnées; pour éclairer mes lecteurs, et leur faire connaître le but principal du procédé que je leur propose, je leur ferai encore les observations suivantes :

—1.º Le feu de mes chaudières distillatoires se trouve aujourd'hui sur un gril, resserré et concentré dans son foyer.

2.º Je mets la chaleur à profit aussi long-temps que possible, en ce que je la conduis, avec la fumée, deux fois autour de la chaudière.

3.º Je reste entièrement maître de mon feu, et en dispose à mon gré, parce que je le tiens renfermé le mieux possible; c'est-à-dire, suivant que je veux donner plus ou moins d'air par la petite porte du cendrier, je puis augmenter ou diminuer la force du feu, même l'étouffer, si je le juge à propos.

Tout distillateur, pour peu qu'il veuille y faire attention, se convaincra bientôt qu'il en résulte encore les avantages suivans :

1.º On épargne par-là beaucoup de bois.

2.º Comme, avec ce procédé de feu, la liqueur se met plus tôt à bouillir, il s'ensuit qu'on gagne du temps qu'on peut employer à quelques autres opérations.

3.º Comme l'air nécessaire n'arrive que par en bas, la flamme du feu attaque d'autant plus directement et fortement le fond de la chaudière.

Il s'en faut bien que la chaleur puisse s'échapper et se perdre comme avec l'ancienne méthode. Au moyen des conduits pratiqués pour cela, je la conduis deux fois autour de la chaudière, et de là il résulte,

4.º Un nouvel avantage ; c'est que, comme au second tour la fumée ne conserve plus beaucoup de chaleur, l'effet en est moins grand sur la partie supérieure de la chaudière ; quand, depuis le moment de l'ébullition, l'esprit a déja coulé quelque temps, la chaudière se trouve vide d'autant : dans ce cas, la flamme qui attaquait et enveloppait ci-devant la partie vide de la chaudière, devenait, par son action, très-préjudiciable au cuivre ; ce qui fait voir que, par le procédé proposé, on peut faire durer le cuivre beaucoup plus long-temps qu'auparavant.

Mais ce feu exige absolument que le bas de la cheminée soit fermé ; à travers cette fermeture, la fumée est conduite dans la cheminée même, au moyen d'un conduit qui, à proportion de la chaudière, doit avoir six à huit pouces en carré dans œuvre.

Afin que le ramoneur puisse monter dans la cheminée, on aura soin de pratiquer, dans la susdite fermeture, un passage qu'on fermera par une porte de fer-blanc. Le ramonage fait, on rebouchera cette porte avec de la terre franche, ou telle autre qui conviendra ; ceci est nécessaire pour qu'il ne puisse pas passer dans la cheminée d'autre air que celui qui traverse le gril.

Pour pouvoir aussi nettoyer les conduits, le maçon pratiquera les ouvertures nécessaires, et fera en sorte que la suie puisse être tirée commodément desdits conduits ; ces ouvertures peuvent se faire en ôtant quelques briques reconnaissables, et que dans ce dessein on n'aura pas liaisonnées exprès ; mais, en les remettant, il faut que le maçon fasse la plus grande attention à ce qu'il ne dérange pas les proportions du conduit, en le rendant plus ou moins étroit, ce qui produirait un changement préjudiciable dans la circulation de l'air. Si on ne néglige pas le nettoyage, et qu'on le répète tous les huit à quinze jours (opération qui sera mieux faite par un maçon), on ne perdra rien des avantages qui y sont attachés.

Si la séparation et la couverture sont de fer, la chaudière peut, quand il s'agit de nettoyer son fourneau, être enlevée et écurée en même temps ; se sert-on, au contraire, de briques pour cette séparation et couverture, il faut qu'aux premier et second tours du conduit on pose quelques briques aisées à distinguer, et non liaisonnées, de façon qu'on puisse les enlever facilement et tirer la suie des conduits.

## DESCRIPTION DE QUELQUES APPAREILS D'ÉCONOMIE DOMESTIQUE.

---

### *Inventions* de M. HAREL.

FOURNEAU POTAGER, *qu'on peut abandonner pendant quatre heures, sans y toucher, après qu'on*

4

*a bien écumé la viande*. Avec ce même fourneau, et un seul feu, on peut faire cuire quatre plats, moyennant 20 centimes de charbon, à Paris, où ce combustible est fort cher. Lorsqu'on a mis la viande et l'eau, et allumé le feu dans le fourneau, on fait écumer la viande, après quoi on remplit le fourneau de charbon: on met dans les casseroles les ragoûts qu'on veut faire; on met dans la partie supérieure du seau des pommes de terre, d'autres légumes, ou de l'eau; on ferme les portes du foyer et du cendrier; au bout de quatre heures on arrive; le pot-au-feu, les ragoûts et les légumes sont cuits à la vapeur, sans embarras et sans aucun soin.

COQUILLE A RÔTIR. Il n'y a personne qui n'ait éprouvé combien on consomme de combustible lorsqu'on veut faire rôtir ou une volaille un peu grosse, telle qu'un dindon, une oie, etc., ou un morceau de viande, tel qu'un gigot de mouton de quatre à cinq livres, ou un morceau de veau du même poids, etc., etc. On connaissait depuis long-temps cet instrument en fer-blanc qu'on nomme *cuisinière*, et dans lequel ce rôti se fait beaucoup mieux, et avec économie; mais personne n'avait encore pensé à tourner ses regards sur le foyer dans lequel on brûle le combustible. M. HA-REL a imaginé un instrument fort simple, qu'il nomme *coquille*, d'une dimension égale à celle de la *cuisinière*, qui se place au-devant, et reçoit par ce moyen toute la chaleur du combustible, sans qu'il s'en échappe au dehors.

Cette coquille est une espèce de double niche en terre cuite, qui présente dans l'intérieur une partie saillante qui forme la séparation des deux niches. Chacune de ces deux niches a une forme parabolique dans sa partie supérieure, et conserve aussi dans presque toute sa hauteur une même forme parabolique.

Tout le monde connaît les propriétés de la parabole; celle-ci est combinée de manière à renvoyer les rayons de chaleur vers les deux extrémités de la viande; car on sait que la viande cuit toujours plus promptement dans le milieu que vers les extrémités.

Au bas des deux niches, et en avant, est une grille en terre cuite pour recevoir le charbon; trois tringles de fer placées à distance sur le devant, sont destinées à empêcher le charbon de tomber; elles servent aussi de mesure, car on ne doit point en mettre dans la coquille plus haut que la tringle supérieure. On n'attend pas que le charbon soit complètement allumé pour présenter la cuisinière de fer-blanc; on l'approche plus ou moins, selon que la pièce qu'on veut faire rôtir est plus ou moins considérable, ou qu'elle demande à être cuite vite ou lentement. Dans ce dernier cas, on met la même quantité de charbon en deux ou trois fois successives. Avec 30 centimes de charbon on fait rôtir une pièce de cinq livres, en moitié moins de temps qu'il n'en faudrait dans une cheminée avec du bois.

FOURNEAU *à l'aide duquel on fait bouillir de l'eau, ou cuire des côtelettes en cinq minutes, avec une feuille de papier.* On a souvent parlé de ce fourneau à papier, et tout le monde a cru que c'était une plaisanterie ou un charlatanisme : ce n'est ni l'un ni l'autre ; et quoiqu'il paraisse, aux yeux de ceux qui ne l'ont pas vu, impossible de faire cuire en cinq minutes des côtelettes, ou dans le même temps faire chauffer du lait ou du café avec une feuille de papier, c'est cependant l'exacte vérité.

Concevez un cylindre en tôle de sept à huit pouces de hauteur, et de six, huit, dix ou douze pouces de diamètre, avec un orifice supérieur pour placer la casserole, et une porte dans le bas pour introduire le papier, vous aurez une idée de la forme extérieure du fourneau. L'intérieur est doublé en tôle, pour mieux concentrer la chaleur : il est disposé de telle manière, que la flamme s'étend du centre à tous les points de la circonférence pour chauffer également toutes les parties du vase exposé à son action.

On n'introduit pas toute la feuille de papier à la fois ; on la déchire en bandes longues d'environ un pouce de large, qu'on introduit l'une après l'autre ; alors elles ne donnent point de fumée, et avant que la feuille entière soit consumée, le déjeûner est prêt.

On peut brûler dans ce fourneau de petits rubans sortans du rabot de menuisier, ou de petites brindilles de bois. On peut aussi y brûler du charbon ou de la braise, à l'aide d'un petit appareil que l'auteur appelle *petit Rumford*, qui n'est autre chose qu'un petit fourneau qui se place dans le grand.

Le grand mérite de ce fourneau est de donner la facilité, avec une seule feuille de papier, qu'on a presque toujours à sa disposition, de faire chauffer un liquide quelconque en deux minutes, et faire bouillir son déjeûner en cinq minutes. Cette économie de temps est un objet bien important pour beaucoup de personnes. L'homme de lettres, le célibataire n'auront plus besoin de se déranger pour aller chercher leur déjeûner; ils le prépareront en un instant chez eux.

NOUVELLE CAFETIÈRE. Après avoir imaginé un fourneau aussi commode et aussi économique pour préparer le déjeûner, M. HAREL s'est occupé de la construction d'une nouvelle cafetière économique, qui fût exempte de tous les défauts qu'on a signalés dans la plupart de celles qui existent. Le principal de ces défauts provient de la matière qu'on emploie généralement pour leur construction, le fer-blanc.

Les plus habiles chimistes qui ont fait l'analyse

du café, ont reconnu qu'il contenait de l'acide gallique et du tanin ; ce sont ces mêmes principes qui, s'unissant avec le fer, forment de l'encre. Le fer-blanc n'est autre chose que des feuilles de fer laminé recouvertes d'une couche très-mince d'étain, qui laisse encore le fer à nu dans une infinité de points ; on n'a, pour s'en convaincre, qu'à laisser séjourner de l'eau dans un vase de fer-blanc, même neuf, on y verra bientôt des taches de rouille sur plusieurs points. Si, au lieu d'eau, vous y laissez séjourner du café d'une belle robe et d'un beau jaune, bientôt il deviendra noir, et prendra un goût stiptique, ce qui annonce que l'acide gallique a dissous du fer, et qu'il s'y est formé de l'encre ; et, pour nous servir de l'expression de M. CADET-DE-VAUX, c'est une plume sans être essuyée que l'on passe sur la langue. C'est bien pis encore si l'on considère la petite grille à travers de laquelle le café se filtre. C'est une plaque de fer-blanc percée d'une infinité de trous, dans lesquels le fer est à nu ; il s'oxide facilement, et par son union avec l'acide gallique, il fournit une bien plus grande quantité d'encre. Ce dernier défaut existe dans toutes les cafetières connues jusqu'à ce jour.

Des fabricans de porcelaine ont exécuté, avec cette substance, des cafetières à la DUBELLOI sans y faire entrer aucun métal, même pour le filtre : mais elles ont un double inconvénient ; le premier, d'être d'un prix très-élevé, qui en réserve l'usage aux seules personnes riches; le second, que le filtre en porcelaine est d'une très-difficile exécution, et présente presque toujours beaucoup d'irrégularité.

Dans la vue de remédier à tous ces inconvéniens, M. HAREL fait établir ses cafetières en terre de Sarguemine : c'est une très-jolie poterie-grès, qui supporte beaucoup mieux le feu que la porcelaine, et qui n'est pas d'un prix, à beaucoup près, aussi élevé.

Ses cafetières sont semblables à celles connues sous la dénomination de *Dubelloi*; la partie inférieure a la forme d'une théière, sur les bords intérieurs de laquelle repose le vase cylindrique qui porte le filtre. Celui-ci est en étain fin percé à la mécanique, et ne présente aucun danger. Ces filtres se lavent et se nettoient avec facilité; il suffit de les frotter avec une brosse. Un fouloir en bois, solidement établi, sert à comprimer le café; on le laisse jusqu'à ce qu'on ait versé l'eau; on le retire ensuite, en le soulevant doucement.

Nous ne parlerons pas ici de la manière de faire le café; les uns emploient l'eau bouillante, d'autres l'eau tiède; quelques-uns, et nous sommes de ce nombre, le font à l'eau froide. Le café infusé à froid a la *robe moins foncée*, mais il a tout l'arome du café. Il a une légère amertume, mais agréable et parfumée. Essayé au cafomètre, en le comparant au café fait à l'eau bouillante, et avec la même quantité de café, il a moitié plus de force. Pour s'en convaincre, il faut lire une dissertation sur le Café, par M. CADET-GASSI-COURT ; chez *Colas*, libraire, à Paris, *rue Dau-phine*, n.° 32.

FOURNEAUX A REPASSER. Par la forme que M. HAREL a adoptée, il a l'avantage d'économi-ser la moitié du combustible que l'on consomme dans les fourneaux ordinaires; celui de pouvoir régulariser la chaleur à volonté, en ouvrant plus ou moins la porte du cendrier; celui d'être infini-ment plus durable. C'est par le couvercle qu'ils diffèrent de tous les fourneaux connus jusqu'à pré-sent. Dans ceux-ci, les fers à repasser sont à l'abri du contact de l'air, ce qui fait qu'ils chauffent plus vite, et avec moins de combustible. Une sépara-tion mobile, en rétrécissant le foyer, permet de ne chauffer qu'un des fers, à volonté.

Ce fourneau sert aussi à griller le café ; on n'a qu'à changer le couvercle pour y en adapter un qui porte un brûloir d'une forme particulière qui concentre parfaitement la chaleur.

On trouve dans le même magasin une infi-nité d'autres instrumens économiques qu'il serait trop long de décrire, tels que des *fours à pâtis-serie portatifs*, des *grils-braisiers pour griller les viandes sans fumée*, etc., etc. Nous engageons les personnes pour lesquelles l'économie domestique est un plaisir ou un besoin, de visiter les magasins de M. Harel; elles y verront, le mardi, le jeudi et le samedi de chaque semaine, les objets de sa fabrique en expérience, depuis midi jusqu'à trois heures. Elles s'en retourneront satisfaites de ce qu'elles auront vu, et de la modicité des prix auxquels ces diverses inventions sont livrées.

M. Harel a eu beaucoup de contrefacteurs; mais ce pillage ne leur a pas été bien profitable, et n'a pas nui au commerce de manufacturier. Ces harpies n'ont pas pu atteindre le double but qu'avait obtenu l'inventeur, la perfection et l'économie; car il ne s'attache absolument qu'à ce qui peut être utile. Les familles les moins aisées trouvent de l'avantage à employer les ustensiles de sa fabrique, vu la modicité du prix des objets qui sortent de ses magasins. Le jugement du jury fait beaucoup d'honneur à ce fabricant. «Tous les ap-
» pareils de M. Harel, dit-il, sont très-bien
» construits, et d'une combinaison heureuse; ils
» procurent une économie considérable de com-
» bustible : les prix sont modérés. » Il lui a été décerné une médaille d'argent.

## *Cheminées parisiennes* de M. l'Homond.

Ces cheminées, en terre cuite, en stuc, faïence ou marbre, exemptes par conséquent d'odeur métallique, sont d'une forme agréable, se

montent en deux heures, et se déplacent facilement lors d'un déménagement. Elles ne donnent
point de fumée, et garantissent des courans d'air
ou ventouses, qui souvent, sans utilité, ont l'inconvénient d'établir un rideau d'air froid en avant
du foyer. Elles sont très-salubres, en ce que la
combustion s'opérant au moyen de l'air renfermé
dans l'appartement, il s'y renouvelle continuellement; elles n'exigent aucun tuyau extérieur, ni
beaucoup de frais d'établissement, puisqu'elles se
posent dans les cheminées ordinaires.

L'économie du combustible résulte de ce que
le bois peut être placé très en avant, et presque
dans l'appartement, sans occasioner la moindre
fumée. On modère ou l'on active la combustion
au moyen d'une trappe en fer qu'on lève et qu'on
baisse à volonté.

M. L'HOMOND construit aussi des cheminées-
poêles établies sur les mêmes principes que ses
appareils, et qui ont le double avantage de procurer la chaleur rayonnante d'une bonne cheminée, et de chauffer par leurs tuyaux; on les place
partout, comme les poêles ordinaires.

Ce qui rend ces appareils réellement précieux
pour toutes les classes de la société, c'est que leur
prix est à la portée des moindres fortunes; il est
de 30 à 45 francs, et au-dessus, suivant les ma-
tériaux employés.

*Cheminées en tôle, ornées d'un chambranle et d'une tablette en marbre, le derrière en fonte, les côtés en faïence, de l'invention de M. Kiel.*

Ces cheminées peuvent se placer dans un cabinet ; on peut, sans danger, poser dessus une glace, une pendule ou tel autre meuble que l'on voudra. Les avantages qu'elles offrent sont , 1.º de laisser voir le feu à découvert ; 2.º de ne laisser sortir aucun atôme de fumée dans les appartemens ; 3.º de ne répandre aucune mauvaise odeur, soit qu'on y brûle du bois ou de la houille , ce que ne font pas celles de Désarnod , qui ont acquis une si grande réputation. Le *prix* de ces cheminées est très-modéré ; il n'excède pas 160 fr., y compris la pose : elles sont très-recherchées.

*Nouvelle Cheminée à vapeur douce,* de M. Jacquinet.

Cette cheminée est construite sur le principe des cheminées à la Désarnod.

Le corps du foyer, en tôle forte laminée, est surmonté d'un bassin en cuivre étamé non apparent, dans lequel on met deux ou trois poignées de sable étendu sur toute la surface du bassin, et sur lequel on verse une carafe d'eau de rivière.

Ce bassin a tout autour un rebord recourbé, qui est plongé dans une rainure de sable pour empêcher la fumée de sortir par ses bords. Il est percé d'un trou pour laisser sortir la vapeur, et recouvert par un dessus de marbre percé dans le milieu, d'une ouverture de sept à huit lignes de diamètre, par laquelle la vapeur est introduite dans l'appartement.

Le socle du foyer laisse un vide sous toute la surface inférieure du cendrier, afin de donner une libre circulation à l'air extérieur, que l'on y conduit par des canaux, pour empêcher la cheminée de fumer et pour activer la flamme.

Une soupape, avec index et quart de cercle, règle le passage de la fumée.

Dans l'intérieur du foyer et de chaque côté de l'âtre, est établie une cloison en terre cuite vernissée, comme celle des poêles en faïence, qui empêche la flamme de se porter sur l'enveloppe de tôle.

L'espace qui sépare ces cloisons de la tôle peut, si l'on veut, recevoir des bouches de chaleur.

Le devant de la cheminée se ferme et se met à découvert comme celui des cheminées à la Dé-sarnod, au moyen de plaques à coulisses; mais la manivelle qui fait mouvoir ces plaques n'a point de cliquet, dont le bruit est désagréable; son manche est à charnière, et se replie dans des encoches circulaires, où le rayon de la manivelle se fixe sans bruit.

## *Cheminée économique à Réverbère*, de M. Brochet.

Cette cheminée portative à un seul foyer, est composée de trois aspirations, qui font l'office de trois soufflets distincts. Celui du milieu est à la bouche qui reçoit la flamme et la fumée du combustible ; les deux autres, placés un peu plus loin, sont à la base du canal vertical qui est divisé en trois parties. Par cet arrangement, on a trois moyens pour accélérer l'ascension du calorique ; celui du milieu est destiné à le porter sans fumée dans l'appartement, à l'aide de deux ventouses tirées de la pièce où la cheminée est établie. A cet effet, il se termine au-dessous du manteau : les deux autres se réunissent au-dessous du nivau de la tablette, où est placée une soupape à bascule qui règle tous les mouvemens du calorique.

Les cœur et contre-cœur sont en portion de voûte sphérique ou elliptique qui présente un aspect agréable ; leur office est de réfléchir les rayons du feu placé au centre. Par des moyens simples on tempère l'activité de la combustion pour économiser le combustible. On ne brûle que la moitié de la quantité de bois employée dans les foyers ordinaires, et on obtient une chaleur double. La cheminée se place et se démonte facilement, sans déranger le chambranle existant; elle n'occasione aucune fumée, et on peut même y faire la cuisine.

## *Correction faite aux Cheminées à la* RUMFORD, *par* M. HESSELAT DU HÉRÉ, *Capitaine du Génie.*

Cette correction n'exige pas une grande dépense, et cependant elle contribue beaucoup à l'économie du combustible et à l'activité de la flamme.

Dans les cheminées à la RUMFORD, le cœur touche au mur de refend; les parties sont pleines et massives, ou, si elles sont vides, elles communiquent par le bas avec l'intérieur de la chambre, et par le haut avec un tuyau de la cheminée, sous prétexte d'avoir un courant d'air qui garantisse de la fumée.

M. HESSELAT a jugé à propos de laisser un intervalle entre le cœur et le mur, de détacher les jours des jambages, et enfin de couvrir la partie supérieure, afin d'empêcher l'air chaud de se dissiper dans la cheminée.

Il résulte de là que le calorique que recevaient le fond de la cheminée et ses côtés, d'où il passait en pure perte dans les murs où s'élevait le tuyau, est transmis à la masse d'air, qui, circulant autour des parois, et n'ayant aucune issue que par-devant, se répand dans la chambre. M. Hesselat a donc, par ce procédé, outre la chaleur directe et réfléchie d'un foyer à la Rumford, une chaleur communiquée, comme le serait celle d'un poêle établi dans une cheminée.

Le changement qu'il propose donne d'ailleurs beaucoup de facilités pour adapter, à la hauteur du manteau, une soupape ou bascule propre à modérer le tirant d'air quand il y a du feu dans la cheminée, ou à l'arrêter quand il est éteint, et à conserver ainsi dans la chambre, pendant la nuit, la chaleur qu'on y a produite pendant le jour.

Pour empêcher la flamme d'être étouffée, comme cela arrive ordinairement quand on applique une bûche droite contre une plaque à surface plane, M. Hesselat pratique, dans le cœur de la cheminée, une rainure de vingt à vingt-cinq centimètres de largeur, sur cinq à six de profondeur (six à huit pouces sur deux environ), qui correspond à celle que l'on construit quelquefois sur l'âtre pour tenir lieu de chenet. Cette rainure détermine un courant d'air qui, n'étant jamais interrompu, nourrit la flamme et l'empêche de dégénérer en fumée.

## *Poéles et Cheminées économiques* de
## M. Olivier.

Le ministre de l'intérieur avait proposé pour sujet d'un prix, *la construction d'un appareil qui produisît le plus de chaleur avec le moins de dépense possible.*

Parmi tous les appareils exposés au Conservatoire des Arts, le grand poêle à trois étages et à tablettes de chaleur, destiné à chauffer les plus grandes salles, ainsi que les cheminées d'appartemens et de cuisine, dites *caloriferes salubres,* de l'invention de M. Olivier, tiennent un rang distingué; et déjà le public paraît leur accorder la préférence. Ce qu'il y a de remarquable, c'est que la chaleur va toujours en croissant pendant quatre heures après l'entière consommation du combustible, et qu'elle s'y maintient au même degré pendant les six heures suivantes.

Il résulte du tableau comparatif dressé par les commissaires, que le *maximum* de chaleur des appareils de M. Olivier a été de huit degrés trente minutes, et qu'un seul des autres appareils en a produit dix degrés, mais avec beaucoup de fumée.

M. Olivier est tellement assuré du succès de son invention, que les propriétaires qui feront faire chez lui de ces nouvelles cheminées auront la facilité de ne payer d'abord que la moitié du prix convenu , étant libres de payer le reste sur le bois qu'ils économiseront par ces nouveaux appareils.

*Poêles économiques* de M. BERTRAND.

M. BERTRAND, fumiste à Lyon , a inventé des poêles en faïence, par le moyen desquels on peut se chauffer d'une manière plus avantageuse et plus économique. M. LEROY, membre de la Société des Amis des arts et du commerce de Lyon, a fait, dans la dernière séance de cette société , un rapport sur cet objet, d'où il résulte :

1.° Qu'une bûche et demie de bois du poids de vingt-cinq livres, brûlée chaque jour dans un de ces poêles, qui existent dans la maison de M. Tolozan, a suffi pour chauffer la salle à manger et l'antichambre, quoique ces deux pièces fussent d'une étendue de sept cent quatre-vingts pieds carrés environ, et la hauteur des planchers de quatorze pieds;

2.° Qu'un thermomètre placé dans l'antichambre, à une distance du poêle de quatorze pieds, a indiqué, dans l'espace de moins de demi-heure, douze degrés de chaleur, quoique dans le principe il ne marquât que six degrés, température de l'air extérieur. En le rapprochant du poêle, il s'est encore élevé d'un degré et demi dans un espace de temps assez court;

3.° Qu'avant que ce poêle fût ainsi disposé, on

était obligé d'y brûler chaque jour douze à quinze bûches pour en obtenir l'effet qu'il produit actuellement.

## *Poêle économique et salubre* de M. BRUYNES.

Ce poêle ne diffère pas, quant à la forme extérieure, des poêles ordinaires : il est en faïence, de forme ronde, recouvert d'une table de marbre, et surmonté d'un tuyau également en faïence ; l'intérieur seul est disposé d'une manière particulière, ainsi qu'on va l'expliquer.

Une chaudière métallique, ayant la forme d'une auge circulaire plus ou moins grande, suivant le local à chauffer, mais supposée ici de la contenance d'environ six voies d'eau, compose l'intérieur du poêle ; le foyer est placé immédiatement au-dessous. La chaleur qui s'en dégage, concentrée et dirigée par des encloisemens et des conduits en hélice pratiqués contre les parois intérieures de la chaudière, échauffe l'eau, et donne en même temps de l'air chaud par plusieurs bouches de chaleur.

M. BRUYNES attribue à ce poêle les propriétés suivantes :

1.º La chaleur obtenue est moins sèche, et par conséquent plus salubre que celle des poêles ordinaires, puisqu'on a la facilité d'y mêler des vapeurs aqueuses dans la proportion qu'on veut ;

2.º Chauffé une seule fois en vingt-quatre heures,

et fermant les soupapes, on conserve suffisamment de chaleur pour chauffer un appartement
pendant le même temps;

3.º On peut, à toute heure de la journée, en
retirer de l'eau chaude pour un bain ou pour tout
autre usage;

4.º En introduisant des plantes aromatiques
dans la chaudière, on parfume aisément un appartement, ou l'on obtient des fumigations salu-
taires à la santé d'un malade;

5.º Avec un poêle de cette espèce, on peut
entretenir une chaleur humide dans les serres,
afin d'altérer moins les plantes que par la chaleur
sèche des poêles ordinaires;

6.º Enfin, avec des tuyaux convenablement
prolongés, on peut conduire à volonté de l'air
chaud dans des pièces voisines ou à divers étages.

*Nouveau Poêle pour le chauffage des grands
Ateliers, avec une très-petite quantité de
combustible.*

Ce poêle est de l'invention de M. Boreux : il
est destiné au chauffage des grands ateliers ou des
pièces spacieuses.

Cet artiste l'a fait d'après les principes de
M. Thilorier, puisque le poêle de M. Boreux
est à la fois fumivore et destiné à carboniser les
combustibles qu'on y introduit.

Tout ce qui a rapport à l'économie du combustible est aujourd'hui d'un intérêt trop pressant pour être passé sous silence. Cette partie qui attire les regards des gouvernemens, occupe les idées d'un grand nombre d'artistes, qui, s'aidant sucessivement des lumières de leurs devanciers, font journellement des découvertes utiles à la fois et à la société, et à la science.

En allumant ce poêle, on remplit le réchaud de braise allumée et de copeaux de bois; on ferme la porte, et la combustion des matières contenues dans le réchaud détermine promptement le courant de la fumée, et l'aspiration se fait par ce moyen fort promptement : par cette précaution très-facile, on évite les bouffées de fumée dont on se plaint généralement lorsqu'on allume ces sortes de poêles.

*Poêle en fonte exécuté dans l'usine* de M. Bernard Derosne.

Ce poêle n'est pas présenté comme une invention nouvelle, mais seulement comme une application utile des meilleures constructions en ce genre. En effet, il est facile d'y retrouver quelque chose des fourneaux de MM. Mezaise, Bouriat, Curaudau, Harel, etc. Mais aucun d'eux n'a songé à faire exécuter en fonte les divers poêles ou fourneaux qu'ils ont inventés ou perfectionnés.

Il pouvait être utile de choisir dans ces appareils ce qui était avantageux, et en composer un tout qui réunît le plus de perfection possible.

Le poêle de M. DEROSNE est d'une forme assez agréable, d'une fonte de bonne qualité, et d'une légèreté qu'on ne trouve pas ordinairement dans les ouvrages de ce genre répandus dans le commerce.

Comme *poêle*, il serait difficile d'en trouver qui, sous un même volume, et avec la même quantité de combustible, fût susceptible de donner autant de chaleur, surtout lorsque le couvercle en est enlevé, ce qui double ses surfaces.

La matière dont il est formé (la fonte) est d'une inaltérabilité qui en assure la durée, et d'une perméabilité par le calorique bien supérieure à celle de tous les ouvrages de ce genre exécutés en terre.

La facilité de placer et de monter ce poêle à volonté, peut encore avoir quelque prix, et la division de ses parties peut permettre un remplacement facile dans le cas où l'une d'elles viendrait à être rompue.

La supériorité de cet appareil, comme *poêle*, doit nécessairement diminuer sa qualité comme *fourneau*, et il doit résulter de la facilité avec laquelle il transmet le calorique, qu'il doit moins promptement chauffer les liquides que les fourneaux construits en terre ou en briques. Mais comme cet objet n'est qu'accessoire, on a dû, dans sa construction, préférer l'essentiel, c'est-à-dire faire un poêle qui chauffât beaucoup et promptement.

Cependant, la chaudière renfermée dans ce poêle, lorsqu'elle est pleine d'eau, ne tarde pas à entrer en ébullition, et peut ainsi servir de marmite, d'appareil distillatoire, ou de bain de sable, à volonté.

Une des meilleures preuves de la supériorité de ce poêle comme appareil de chauffage, est la grande quantité d'eau qui se condense à la sortie de sa cheminée. On a pratiqué à la chaudière intérieure, et à la pièce qui sert de support au foyer, des ouvertures qui se ferment à volonté par des bouchons de fonte. Ces ouvertures sont destinées à recevoir des tuyaux de tôle qui, prenant l'air du dehors et se répandant dans l'intérieur de l'appartement, font de ce poêle une espèce de ventilateur. On a eu pour but d'éviter le reproche qu'on fait à tous les poêles, celui de ne pas renouveler l'air. Mais comme en général le service de ces poêles est plus utile avec une chaudière qui puisse contenir un liquide, on peut avoir deux chaudières de rechange.

Cet appareil, par la modicité de son prix, pourra convenir à beaucoup de classes de la société ; sa forme pourra permettre de le placer dans les salles à manger, antichambres, etc.; mais il conviendra particulièrement aux personnes qui aiment à s'occuper d'expériences de chimie, etc.

Son prix, pris à la forge, et de 36 fr.; et à Paris, de 48 fr.

## Poéle-Cheminée.

M. Bischop, de Lausanne, a inventé un poêle-cheminée qui joint à une grande économie de combustible, l'avantage de conserver beaucoup plus long-temps sa chaleur que les autres. Il en fait usage depuis quelques années, et les expériences les plus rigoureuses ont confirmé ce double résultat; il a atteint ce but en entourant sa cheminée de doubles parois dont l'intervalle est rempli d'eau.

## Perfectionnement dans la construction des poéles.

M. le docteur Kretchman, de Dessau, a imaginé un moyen de perfectionner la construction des poêles en diminuant la consommation du combustible. On sait que l'air devient plus léger à mesure qu'il est échauffé, et qu'il occupe alors la partie supérieure des appartemens; les couches inférieures sont par conséquent toujours les plus froides. Profitant de cette observation, l'auteur propose de remplacer les grilles en usage jusqu'à présent par des barres creuses établies dans le poêle, soit en travers, soit en long; ces cylindres déboucheraient dans l'appartement à travers les parois extérieures du poêle; on adapterait à l'une de leurs extrémités, vers le bas, un entonnoir en fer-blanc dont l'orifice serait très-près du sol; l'ouverture opposée serait dirigée vers le haut de l'appartement. Le feu étant allumé dans le poêle, les cylindres s'échauffent très-promptement; l'air qu'ils contiennent étant raréfié, sera chassé par l'air froid qui pénètre par l'entonnoir, et celui-ci sera échauffé à son tour en traversant les cylindres. Par ce moyen, l'appartement acquiert en très-peu de temps une température agréable, quand même les cylindres ne seraient que médiocrement échauffés. Il est évident que plus les cylindres auront de longueur, plus l'effet desiré sera promptement obtenu.

Ce moyen a déja été proposé par M. Ikin, qui a obtenu une patente en Angleterre en 1818.

### *Cuisine économique* de M. Couteaut.

Cette cuisine économique, ayant à-peu-près la forme et les dimensions d'une commode, est portative, et susceptible d'être établie partout. Son bâti est en bois; il est séparé de la tôle de fer qui forme l'intérieur par des couches de maçonnerie en briques, afin de le garantir du feu; le dessus est une plaque de fer fondu, ayant des rebords

ur tout son contour, et divers trous ronds vers
on milieu, destinés à recevoir autant de casse-
oles.

En recouvrant la plaque supérieure du four-
eau d'une couche de sable, on perd moins de
alorique; et si l'intérieur de ce fourneau est en
rique, au lieu d'être en tôle, on obtient plus d'é-
onomie de combustible.

Le ciment dont on se sert pour faire les joints,
st composé de quatre parties de briques pilées,
l'une de plâtre et d'une de limaille de fer, le tout
âché avec du fort vinaigre; ce ciment est réfrac-
aire, et acquiert la dureté du fer.

### Cuisine portative et économique
### de M. BOREUX.

Cette cuisine a la forme d'un petit fourneau à
ent, qui contient un ventilateur, un four, un
oyer, un réchauffoir et un bassin, le tout
chauffé par un seul feu, qui donne en même
emps de la chaleur à la chambre, en purifie l'air,
t au moyen duquel on peut faire la cuisine, la
âtisserie, les confitures, et apprêter dix sortes
e mets à la fois. Elle convient aux familles d'un
tat médiocre, et consiste en un fourneau à vent,
ont le foyer n'a que deux pieds de longueur sur
un pied de largeur, et dix pouces de hauteur.
Avec une petite quantité de bois ou de tourbe on

peut échauffer une chambre d'une grandeur moyenne, et en purifier l'air au moyen du ventilateur de *Franklin* qui y est adapté.

Cette espèce de fourneau peut devenir très-utile aux artisans et aux ménages sujets à des déménagemens fréquens.

### Cuisine salubre et économique
### de M. Darcet.

L'insalubrité des cuisines est due à deux causes : la première se trouve dans l'usage où l'on est de ne pas construire les fourneaux de cuisine sous le manteau de la cheminée, et de laisser répandre librement la vapeur du charbon dans la pièce ; la seconde provient du faible tirage des cheminées de cuisine ; effet qui a lieu, soit par suite du mauvais rapport établi entre les ouvertures des manteaux des cheminées et la capacité de leurs tuyaux ; soit parce qu'il s'y établit un courant d'air descendant commandé par le tirage plus fort d'une cheminée voisine, ou par l'ascension de la couche d'air échauffée le long d'un mur voisin exposé au midi, couche d'air qui fait alors le vide dans la cuisine en montant et en passant devant les croisées.

Pour remédier à ces inconvéniens, M. Darcet construit tous les fourneaux sous le manteau de la cheminée, et il y établit en tout temps un tirage convenable dont on peut accélérer la vitesse selon le besoin, soit à l'aide d'un *appel* convenablement ménagé, soit au moyen de rideaux coulant sur des tringles, qui peuvent à volonté servir à fermer, en tout ou partie, l'ouverture qui se trouve entre le manteau de la cheminée et la partie supérieure du fourneau de cuisine. Plus on ferme ces rideaux, plus le courant d'air ascendant devient rapide dans le tuyau de la cheminée, et moins les gaz délétères et les odeurs désagréables peuvent se répandre dans la cuisine.

L'économie du combustible résulte, soit de la suppression totale du foyer ordinaire, soit de l'emploi de plusieurs appareils économiques, tels que le fourneau-potager, la coquille à rôtir, la cafetière-porte, les fourneaux de cuisine servant à volonté d'étouffoir, le four et la chaudière, sous lesquels on substitue au bois le charbon de terre, et où le combustible brûle dans un foyer fermé.

### *Cuisine - poéle* de M. Mella.

La dimension de cette *cuisine - poéle* n'est que de 32 pouces carrés sur 29 d'élévation. Cependant elle est distribuée de manière que trois fours, trois casseroles, une braisière et une marmite pour pot-au-feu puissent y être chauffés par un seul foyer. La flamme et la fumée qui s'échappent de celui-là sont reçues dans divers compartimens, et donnent assez de chaleur pour mettre en ébullition le liquide qu'on y expose.

La fumée, après avoir fait ses révolutions, est reçue dans un tuyau de tôle adapté à une ouverture qui existe à la partie latérale et inférieure de la cuisine, pour être portée de là hors de l'appartement.

Des registres placés convenablement empêchent, en les fermant, deux ou trois casseroles de recevoir l'impression de la chaleur, et on se sert de ce moyen lorsqu'on n'a qu'un petit nombre de mets à préparer.

Les deux premiers fours, établis sur deux lignes parallèles au foyer, se trouvent fortement chauffés, n'étant séparés de celui-là que par des plaques de fonte, qui laissent passer facilement le calorique. Leur base est une seule plaque de même métal, assez grande pour former aussi celle du foyer. La fumée, dans ses révolutions, enveloppe le corps des trois fours, dont le troisième cependant se trouve moins chauffé, parce qu'avant d'arriver à lui, la fumée a déjà parcouru la surface des autres récipiens qui lui sont exposés. Les deux premiers fours ont chacun 20 pouces de profondeur, sur 10 de largeur et 8 de hauteur; le troisième a 20 pouces de profondeur, 15 de large et 9 d'élévation; il est construit en tôle forte. Cette cheminée-poêle est bâtie en briques de champ, et pourrait l'être en briques à plat, en lui donnant 34 pouces carrés au lieu de 32.

L'économie du combustible n'est pas le seul

avantage qu'offre cette cuisine ; indépendamment du peu d'espace qu'elle occupe , comparativement à la multiplicité des mets qu'on peut y préparer , le cuisinier n'aura qu'un seul foyer à alimenter ; il ne craindra pas non plus la vapeur du charbon , qui occasione trop souvent dans les cuisines ordinaires des accidens graves.

Elle a enfin le très-grand avantage de pouvoir échauffer en même-temps une salle à manger , ou une chambre à coucher, lorsqu'elle se trouve contiguë à la pièce où l'on place la cuisine-poêle. Il suffit de la faire saillir de 4 pouces environ dans l'appartement que l'on veut échauffer, et d'y faire passer le tuyau de tôle. Cette partie saillante qui forme le derrière de la cuisine-poêle, peut être construite en carreaux de faïence, surmontée d'une corniche ou d'une tablette de marbre qui avancera encore de 2 à 3 pouces.

M. Mella construit de ces cuisines du *prix* de 60 jusqu'à 230 fr., selon les dimensions.

### *Cuisine économique pour la marine,*
### de M. Lelouis.

Une commission nommée par le ministre de la marine a fait faire des expériences de cette cuisine dans le port de Rochefort, et cette commission en a fait un rapport très-avantageux, que M. Lelouis a adressé à la société d'encouragement.

Cette cuisine doit être construite en maçonnerie, de la dimension de 8 pieds carrés. Elle est divisée en deux parties égales par une cloison en briques dans la direction de l'avant à l'arrière du vaisseau : celle de tribord contient une grande marmite oblongue en fonte destinée à l'équipage ; huit petites en forme de bidons pour la mistrance et le service de la pharmacie ; plus, deux fours placés de l'un et l'autre côté du foyer de la grande marmite.

Celle de babord reçoit quatre marmites pour l'usage du capitaine et de l'état-major ; elle a un âtre assez spacieux, où l'on peut faire griller ou rôtir plusieurs mets, et au-dessous duquel se trouve un four pour la pâtisserie. La fumée qui s'élève de cet âtre est dirigée, à l'aide d'une hotte ou manteau en tôle, dans un tuyau de cheminée.

L'auteur a pratiqué aussi une ouverture au milieu du couvercle de la grande marmite, pour y placer un chapiteau muni d'une longue douille qui doit communiquer à un serpentin. Cet appareil est destiné à la distillation de l'eau de mer, lorsque les mets sont cuits.

La chaudière est en fonte, garnie d'un robinet à la partie inférieure. Les fourneaux, qui sont au nombre de cinq, ont des grilles, et, du reste, sont construits d'après le plan généralement adopté ; c'est-à-dire que la base de la chaudière, qui porte dans tout son pourtour de quelques lignes sur la maçonnerie, ne laisse à la flamme qu'une petite issue qu'on lui a ménagée à la partie supérieure du foyer, près d'une languette de 3 ou 4 pouces de largeur, qui porte sur la surface de la chaudière de bas en haut : cette languette force la flamme et la fumée à parcourir la circonférence de la chaudière avant de se rendre au tuyau destiné à sa sortie.

Telle est la disposition de cette cuisine, avec laquelle M. LELOUIS assure pouvoir,

1.º Économiser sur les frais de construction et alléger la charge du vaisseau ;

2.º Diminuer considérablement l'emploi du combustible, et y brûler à volonté du bois, de la houille et de la tourbe ;

3.º Exposer beaucoup moins le vaisseau à être incendié par le feu de la cuisine ;

4.º Préserver de la fumée les matelots chargés du service de la cuisine, et ceux qui font la manœuvre près du gaillard ;

5.º Empêcher que les cuisiniers ne soient brûlés ou échaudés par les tisons embrasés et la marmite bouillante ;

6.º Cuire pour tout l'équipage, même dans les plus gros temps, les alimens nécessaires, ce qu'on ne peut se promettre avec les cuisines actuelles ;

7.º Distiller de l'eau de mer lorsque les alimens sont cuits;

8.º Dégager le gaillard d'avant et en faciliter
la manœuvre par la suppression du bassin des
cuisines;

9.º Encombrer moins le vaisseau en diminuant
de moitié la quantité de combustible qu'on est
obligé d'embarquer actuellement.

Ce sont là succinctement les avantages que
M. Lelouis offre aux marins qui se serviront de
sa cuisine; et cette énumération, fût-elle moins
étendue, présenterait des vues d'utilité assez
grandes pour déterminer les navigateurs à y avoir
recours.

## Cuisine à vapeur, à l'usage des Troupes, établie à Carlsruhe.

Cette cuisine se compose d'un fourneau solide
en briques, dans lequel entre, jusqu'à son bord,
une grande chaudière oblongue en forte tôle,
qui repose, par son fond, sur des barres transversales scellées dans la maçonnerie; elle est
fermée d'un couvercle percé de dix trous pour
recevoir autant de marmites rondes, dans lesquelles s'opère la cuisson des alimens, au moyen
de la vapeur qui se dégage de l'eau contenue
dans la grande chaudière, et qui pénètre par plusieurs petites ouvertures longitudinales pratiquées

dans la paroi supérieure des marmites : ces der-- nières sont hermétiquement fermées par des couvercles à poignées. L'eau est versée dans la chaudière jusqu'à 4 pouces de hauteur, par une poche ou soupirail adaptée sur le devant, et fermée par un couvercle, comme les marmites. Deux grilles carrées, placées de chaque côté de la chaudière, forment autant de petits fourneaux sur lesquels on pose des casseroles ou autres va- ses. Le foyer, alimenté avec du bois, règne sous la largeur de la chaudière, et va en s'évasant à droite et à gauche, afin que l'action de la flamme puisse s'exercer sous le fond de cette chaudière, et circuler ensuite autour.

Cette cuisine, destinée à préparer la soupe pour deux cents hommes de troupes, ne consomme que vingt livres de bois de sapin en trois heures, temps suffisant pour opérer la coction complète des alimens renfermés dans les marmites.

### *Fourneau-Déjeûner* de M. CADET-DE-VAUX.

Ce fourneau est de tôle vernie, et composé de deux parties accolées, dont l'une est le foyer dans lequel s'opère la combustion du papier, et l'autre l'étuve. Elles sont destinées à recevoir chacune leur casserole, dont la première chauffée se reporte sur l'orifice de l'étuve pour s'y main- tenir chaude, tandis que la seconde chauffera.

Ces deux casseroles sont de fer-blanc ou de doublé d'argent, garnies de couvercles et ayant un manche; un rebord leur sert d'opercule, qui, fermant l'orifice du fourneau, met obstacle au peu de fumée qui précède la flamme; d'ailleurs on n'a pas de fumée en procédant bien à l'ignition, c'est-à-dire en introduisant partiellement le papier dans le foyer.

L'auteur a ajouté à cet appareil une grille destinée à recevoir un peu de braise, une lampe à l'esprit-de-vin, qui consomme pour environ un centime de ce liquide en un quart d'heure, et un vaisseau intermédiaire qui peut faire bain-marie, et qui se place dans l'une des deux casseroles ayant plus de profondeur.

M. CADET-DE-VAUX ayant eu connaissance d'un petit appareil pour braiser dans quelques minutes une viande à la flamme du papier, a cru devoir le joindre à son fourneau. Ce sont deux casseroles de fer-blanc pourvues d'un manche, et se servant respectivement de couvercle. Cet ustensile est très-commode en voyage; la cuisson de deux côtelettes s'y opère en cinq à six minutes, avec trois feuilles de papier.

Le fourneau-déjeûner est à la fois simple, commode et économique. C'est la flamme qui fournit tout le calorique nécessaire; aussi les vases à chauffer ont une grande surface, peu de profondeur, et surtout peu d'épaisseur. L'auteur en a fait l'essai sous les yeux du conseil des arts mécaniques ; avec deux feuilles de papier, et en moins de cinq minutes, l'eau contenue dans l'une des casseroles est entrée en ébullition.

*Fourneaux économiques, Cafetières,* etc.

On s'est beaucoup occupé d'économie domestique de nos jours, et les essais en ce genre ont donné les résultats les plus satisfaisans ; c'est ce dont j'ai été à même de me convaincre dernièrement, dans le magasin de Madame CAMBRUNE, *quai de l'Ecole,* n.° 16, où l'expérience des divers objets de sa fabrique se fait les mardi, jeudi et samedi de chaque semaine. J'ai reconnu le grand avantage de ses fourneaux économiques perfectionnés, sur les fourneaux ordinaires. Celui dit *potager,* par exemple, permet de faire au même foyer, et avec une très-petite quantité de combustible, cinq cuissons différentes. Le *fourneau à papier,* ainsi appelé parce qu'on peut n'y employer que des bandes de papier, au lieu de charbon, donne la facilité de faire cuire la côtelette du déjeûner, ou de mettre en ébullition un demi-litre d'eau en cinq minutes, avec deux feuilles et demie de papier : ainsi les mauvais livres et les mauvais écrits seraient donc bons à quelque chose. Je n'oublierai pas ici les *fours portatifs à pâtisserie,* qui peuvent remplacer en tous points ceux construits en briques, et qui occupent souvent beaucoup de place; ils m'ont paru dignes aussi d'être ci-tés par la manière ingénieuse dont ils sont cons-truits. Il en est de même des *cafetières en cailloux pulvérisés*, pour faire le café. Rien de plus parfait que ces filtres; ils conservent au café sa couleur, sa force et son arôme. Enfin, les divers autres articles de la fabrique de madame GAMRRUNE m'ont paru remplir également le but d'économie et d'utilité qu'on s'est proposé d'atteindre en les confectionnant, et c'est rendre, je crois, un vé-ritable service à toutes les classes de la société, que de les faire connaître. Les appareils de four-neaux pouvant se placer sur des fourneaux ordi-naires, nous en prévenons les personnes qui se rendent à la campagne.

### *Fourneau de cémentation, qui se chauffe avec de la houille.*

Ce fourneau est employé dans les fabriques d'acier des environs de Sheffield. Sa forme exté-rieure est celle d'un cône construit en briques et en pierres, dont le diamètre, à la base, varie sui-vant la dimension des caisses qu'on place dans le fourneau, et dont la hauteur totale, depuis le sol jusqu'au sommet, est de 30 pieds.

Ce cône est surmonté d'une cheminée cylin-drique de quelques pieds de hauteur, pour faciliter le tirage et augmenter l'action du feu. La partie

( 109 )

inférieure forme un polygone ; les côtés sont élevés jusqu'à la rencontre du plan, et donnent à l'extérieur de la construction l'aspect d'un cône qui aurait été coupé par des plans verticaux formant un polygone.

La forme cônique de l'enveloppe n'est pas absolument nécessaire ; on peut en adopter toute autre, pourvu que la hauteur soit suffisante.

Le fourneau qui occupe l'intérieur du cône est carré, et construit en briques réfractaires, et non susceptibles de vitrifier. Il renferme deux caisses parallélogrammes surmontées d'un dôme ou voûte reposant sur des murs verticaux ; l'espace compris entre ces murs et la base de l'enveloppe extérieure est rempli de blocaille et de sable.

Les caisses, aussi composées de briques réfractaires et destinées à recevoir les barres propres à être cémentées, ont chacune 10 pieds de long sur 2 pieds 9 pouces de large, et 3 pieds de profondeur ; elles sont séparées par un intervalle d'un pied de large, sous lequel se trouve le foyer. Le fond des caisses, formé de deux rangées de briques de 6 pouces environ d'épaisseur, repose sur des briques isolées, laissant entre elles des conduits pour la circulation de la flamme. Les parois latérales sont soutenues par des briques en saillie, disposées de manière qu'elles interceptent le moins la chaleur, qui doit pénétrer partout également.

Entre les deux caisses sont placées des briques transversales, assez distantes l'une de l'autre pour favoriser l'ascension directe de la flamme, laquelle, après avoir circulé autour, et passé sous la voûte, s'échappe par dix petites cheminées qui entourent le fourneau, trois de chaque côté, et deux à chaque extrémité. Ces cheminées débouchent dans le grand cône, percé sur le devant d'une ouverture correspondant avec une seconde ouverture pratiquée dans la voûte du fourneau, et destinées l'une et l'autre à donner passage à l'ouvrier qui charge les caisses. Lorsque le feu est allumé, on le ferme avec des briques réfractaires lutées avec de l'argile. Le milieu de l'extrémité des caisses est percé d'un petit regard, à travers lequel on laisse passer le bout de deux ou trois barres, qu'on retire de temps en temps, pour s'assurer des progrès de la cémentation; on bouche ce regard avec un tampon.

La grille du foyer est composée de barreaux en fer, assez espacés pour permettre un libre accès à l'air, qui pénètre par un vaste cendrier ouvert des deux côtés. L'ouvrier chargé de diriger le feu descend de temps en temps dans ce cendrier, afin d'examiner si le combustible est également réparti sur toute la longueur de la grille. Si le passage de l'air est obstrué, il enfonce un pic de fer entre les barreaux pour écarter l'obstacle. Le foyer est ouvert aux deux extrémités; et comme il est au niveau du sol de l'usine, on le bouche facilement avec de la houille menue : s'agit-il de l'alimenter, il suffit de pousser en avant cette espèce de bouchon, et de le remplacer par un autre, composé du même combustible, pour que l'air ne puisse s'introduire qu'en dessous de la grille.

*Fourneau portatif non fragile, pour économiser le bois destiné à chauffer les lessives domestiques.*

M. Begon a imaginé un fourneau portatif et non fragile, pour économiser le bois que l'on emploie à chauffer les lessives. Après en avoir construit un à l'usage de sa maison, et l'avoir éprouvé, il a cru devoir le proposer au public, à cause de sa simplicité.

Pour la construction du fourneau dont il s'agit, on achète deux bandes de fer, vulgairement dites *cornette*, de 4 pouces et demi de largeur, de 5 à 6 lignes d'épaisseur ; l'une de 4 pieds 3 pouces de longueur, et l'autre de 3 pieds 6 pouces aussi de longueur : on porte ces deux bandes chez le maréchal, ou autre forgeron, qui, de la plus longue, en fait un cercle, sans souder les extrémités rapprochées ; et de la plus courte, il en fait aussi un cercle, auquel il laisse un vide d'environ 9 pouces entre les deux extrémités, pour servir d'entrée au fourneau; ensuite l'ouvrier entaille, avec le ciseau, la bande la plus longue dans la partie où sont les deux extrémités, afin de ne point altérer la force de la bande; il fait l'entaille au cintre pour faciliter l'entrée du bois. Ces deux cercles posés l'un sur l'autre seulement, prennent la forme d'une mesure à froment, se soutiennent, étant bien arrondis, sans être obligé de les attacher ensemble, et sont en état de porter la plus grande chaudière sans vaciller.

Comme le fond de la chaudière posée sur le fourneau couvrirait son extrémité, de manière que la flamme et la fumée seraient obligées de sortir par l'entrée, ainsi qu'elle sort du four d'un boulanger, il faudra, de nécessité, placer sur le cercle supérieur trois élévations, à distances égales, qui formeront le point d'appui de la chaudière; et, pour cet effet, l'ouvrier prendra trois morceaux de fer vulgairement dit *mi-plat*, de 7 à 8 lignes d'épaisseur, sur environ 1 pouce de largeur, et 6 pouces de longueur; de chacun de ces morceaux de fer il en formera une équerre dont une des branches aura environ 2 pouces de longueur, qu'il aplatira un peu, et percera de deux trous, pour la clouer et river sur le cercle; l'autre branche entrera dans la chaudière, après qu'il l'aura un peu alongée en pointe : il aura attention d'abattre un peu en mourant les branches des trois équerres, pour que le fond de la chaudière, qui est toujours bombé, puisse avoir une assiette plus solide : on placera ce fourneau sous une cheminée quelconque; on fera faire un chenet avec une branche de longueur convenable, d'un pouce d'équarrissage, ou même plus, que l'on placera en travers au milieu du fourneau, pour supporter le bout des tisons; il ne faut pas que ce chenet ait plus de 3 pouces d'élévation.

Lorsqu'on aura mis le feu au fourneau, on s'apercevra qu'avec très-peu de bois il sera échauffé, de sorte qu'on pourra couler trois fois la lessive dans une heure environ. On observe qu'il y a plus de cent pour cent à gagner sur la quantité de bois que l'on consume ordinairement pour les lessives.

*Fourneau perfectionné à l'usage des Fondeurs d'étain et des Chaudronniers;* par M. Hobbins.

Le corps de ce fourneau, destiné à chauffer les fers à souder des chaudronniers et des potiers d'étain, et à aérer leurs ateliers, est construit en tôle, et muni d'une grille comme à l'ordinaire; mais au lieu de mettre les *fers à souder* immédiatement en contact avec le feu, et de les exposer à l'action combinée de la chaleur et de l'oxigène, ce qui oblige à les limer continuellement pour enlever les parties oxidées, et renouveler la surface de la soudure, on les chauffe dans une boîte de tôle ou de fonte, et par ce moyen, on évite de les limer plus d'une fois par semaine.

On a rendu ce poêle propre à aérer l'atelier, en fermant le cendrier, et obligeant l'air qui alimente le combustible à passer dans un tuyau latéral qui s'élève jusqu'au plafond, et conduit au cendrier par un coude. Un couvercle plat suspendu par une corde qui passe sur deux poulies, est maintenu à la hauteur qu'on veut, au moyen d'un contre-poids ; on peut ainsi régler à volonté l'accès de l'air dans le foyer, en même temps que les vapeurs malsaines sont entraînées au dehors par le tirage de la cheminée.

Le combustible est introduit par une porte à coulisse ; et en laissant celle-ci ouverte, on peut diminuer la quantité d'air passé dans le foyer, au point d'entretenir seulement la combustion pour que le feu ne s'éteigne pas durant les heures de repas des ouvriers.

*Fourneau économique transportable, propre à la carbonisation du bois*; par M. KOCH.

Le bois est placé dans ce four sur un fond de tôle posé sur des barres de fer placées de champ et soutenues par des supports à fourchette. Audessus de ce fond est un mur en briques sur plat, et de distance en distance sont des ouvertures. Le mur est surmonté d'un dôme en tôle ; l'âtre est carrelé en briques sur plat.

Le fourneau est entouré d'un mur en briques, écarté d'une distance de 8 centimètres, formant au pourtour une galerie pour le passage de la flamme; ce mur est couvert par un dôme en tôle, portant une cheminée de même matière, qui se ferme au moyen d'un couvercle en tôle en forme d'étouffoir.

A l'une des extrémités du fourneau est la bouche du four, et dans sa longueur sont pratiquées trois ouvertures, et une porte qui se ferme par des carreaux en terre cuite.

Pour faire usage de ce four, on commence par le charger, soit en bois debout ou couché; lorsqu'il est rempli jusqu'au dôme, on ferme hermétiquement la porte, et on bouche toutes les ouvertures, excepté la bouche où est le feu; on laisse brûler pendant 36 heures, pour ce qu'on appelle le petit feu; après ce temps, on ouvre toutes les issues, on y met le feu, qui doit être égal partout; au bout de 50 heures, on voit sortir le goudron par le joint des briques, et la fumée cessant d'être épaisse, devient peu-à-peu très-claire et sortant par la cheminée, que l'on ferme alors, ce qui termine l'opération. On ferme également les quatre bouches, qu'on a soin de bien calfeûtrer, et après 24 heures le charbon est refroidi de manière à permettre de décharger le fourneau.

## *Four économique.*

Un conseiller des mines et des bâtimens du roi de Prusse, M. Frédéric de Holsh, a imaginé un four propre à cuire le pain avec du charbon de terre. Le mérite de cette invention consiste à profiter de toute la chaleur que cette substance est susceptible de donner, et à éviter les inconvéniens qui résultent de sa combustion; c'est ce qu'a fait M. Holsh en isolant le foyer, et en plaçant le charbon de terre au-dessus du four; ensorte que par ce moyen, il n'y a pas de communication entre le corps combustible et le pain, comme dans nos fours ordinaires, où le pain se place sur l'âtre même où le bois a brûlé, manière de chauffer les fours qui ne peut pas avoir lieu avec le charbon de terre, parce que la fumée qu'il exhale pénètre les foyers, y adhère et communique au pain son odeur. On conçoit que l'utilité et l'économie dont est cette invention, a dû la faire promptement adopter; aussi a-t-on déjà construit de ces fours dans plusieurs forteresses et boulangeries de camp. Je m'empresse de faire connaître cette découverte, qui peut être intéressante dans celles de nos provinces de France où le charbon de terre est en usage.

## Grilles de Fourneaux à barres creuses;
### par M. Ikin.

Ce nouveau système de grilles se compose de barres creusées dans toute leur longueur, à travers lesquelles on fait passer un courant d'eau. L'auteur construit ces grilles de deux manières, soit en les fondant d'une seule pièce, réunissant les extrémités des barres par une traverse, et laissant entre elles un espace suffisant pour l'admission de l'air; soit en formant des barres creuses isolées, les recourbant à leurs extrémités et les joignant bout à bout, au moyen des embases dont elles sont munies. Il résulte de cette disposition un canal continu et serpentant, destiné à recevoir un courant d'eau d'un réservoir supérieur, par un tuyau de fer, lequel s'adapte à l'une des ouvertures de la grille. Un autre tube conduit le fluide échauffé par son passage à travers la grille, dans les parties du bâtiment où l'on en a besoin. On obtient ainsi un courant continuel d'eau chaude dont on peut se servir pour différens usages; mais il faut avoir soin que les canaux de la grille soient constamment pleins, et que l'eau soit remplacée à mesure qu'elle s'évapore.

L'auteur observe que ces nouvelles grilles possèdent l'avantage, 1.º de se conserver long-temps, le feu le plus violent ne pouvant rougir ni faire courber les barres; 2.º d'empêcher que les escarbilles, en s'attachant aux barres, obstruent le courant d'air, et que la chaleur s'échappe dans le cendrier au lieu de s'élever sous la chaudière; 3.º de fournir constamment un grand approvisionnement d'eau chauffée, sans aucune dépense additionnelle de combustible.

*Gril aérien*, inventé par M. SCHMIT, *tôlier.*

Ce gril consiste en un assemblage de tuyaux, ouverts aux extrémités, en fonte de fer ou de cuivre rouge, disposés les uns à côté des autres, à-peu-près comme les barreaux d'une grille de fourneau. Son objet est de chauffer des appartemens, des étuves, etc., par la chaleur de l'air qui en traverse les tuyaux. Le passage et la circulation de l'air sont d'autant plus rapides, que le gril est plus échauffé, et qu'un des orifices de chaque tuyau plonge dans un atmosphère plus froid.

Par ce procédé on peut chauffer de vastes locaux, en multipliant les grils aériens et les canaux de chaleur, et porter cette chaleur en plusieurs endroits à la fois, même dans un lit pour l'échauffer, avec des tuyaux de cuir, sous des couches, dans les serres, etc.

On peut encore, au lieu de gril aérien, faire passer l'air par un four de poêle, ou par une calotte sphérique à double fond, ou enfin par une caisse en métal. On peut recevoir l'air extérieur par plusieurs canaux dont l'ouverture regarderait diverses expositions; mais alors chaque canal doit avoir une soupape pour que les courans d'air ne se contrarient pas.

Tous les canaux peuvent être cachés sous les planches, dans l'épaisseur d'une maçonnerie, courir en forme de plinthes le long des murs, ou en forme d'entablement le long du plafond.

On peut placer plusieurs grils les uns sur les autres, et mêler toutes sortes de matières combustibles.

Les grils aériens peuvent servir à renouveler l'air des vaisseaux, des puisards, et autres lieux profonds.

Pour restituer à l'air chaud l'humidité dont il peut avoir besoin, on le force à traverser des éponges mouillées placées aux orifices des tuyaux de chaleur; on l'aromatise, en le dirigeant sur des cassolettes contenant des substances odorantes. Enfin, ce système de chauffage est applicable dans une infinité de circonstances.

*Nouvelle Marmite nommée* Caléfacteur; *par*
M. Lemare.

Cette marmite, destinée à la cuisson des viandes, des légumes et des alimens en général, est en fer-blanc; elle se compose d'un vase cylindrique enveloppant latéralement un vase circulaire, qui est une espèce de seau ou de marmite qui se ferme avec un couvercle. L'espace de 10 à 12 millimètres entre les deux marmites recevant l'air chaud du foyer, il est clair que si l'on met de l'eau dans les deux vases, les deux portions d'eau qu'ils contiennent s'échaufferont en même temps, et qu'une fois échauffées, la portion intérieure entourée de la portion extérieure ne se refroidira que très-lentement, même après l'extinction totale du feu, pourvu qu'il ne s'introduise pas d'air froid dans l'espace intermédiaire.

Un registre établi sous la plaque trouée du foyer permet de modérer ou d'arrêter le combustion du charbon.

Le vase extérieur présente trois petites ouvertures, l'une supérieure pour verser l'eau, une autre inférieure garnie d'un robinet pour la tirer, et une troisième qui reçoit un tube recourbé pour conduire la vapeur au dehors. Ce vase ne s'élève pas à une plus grande hauteur que le vase intérieur; mais il descend plus bas, et assez pour affleurer par sa base la grille du foyer. Il est bon de le couvrir d'un tissu ouaté.

Cet appareil donne de meilleur bouillon que par le procédé ordinaire; il présente une grande économie de temps et de combustible; il n'a besoin d'aucun soin, et les alimens peuvent s'y conserver chauds pendant plusieurs heures, ce qui est surtout très-précieux pour les malades.

*Marmite évasineptique;* par M. FORTIN.

La forme de cette marmite est presque la même que celle des marmites ordinaires en cuivre étamé ; son couvercle, également construit en cuivre fort, pose sur gorge avec rainure, et s'y trouve fixé au moyen d'une griffe triangulaire en fer forgé, dont chacune des branches s'engage sous la gorge de la marmite. L'une d'elles est brisée, avec une charnière de 8 lignes de diamètre ; elle est destinée à faciliter l'agrafement des deux autres branches. Cette griffe, taraudée dans son écrou par une vis, offre la faculté de donner sur le couvercle le degré de pression qu'on desire : une soupape pratiquée à ce couvercle sert de régulateur.

La marmite dans laquelle l'eau est portée à la température de 112 degrés, ne peut point occasioner d'accident tant que la griffe sera faite en bon fer forgé, qu'elle sera confectionnée en fortes planches de cuivre bien brasées, et si on évite de l'ouvrir avant une demi-heure de repos, après l'avoir retirée du feu. La cuisson de la viande peut s'y faire dans trois quarts d'heure au plus, en la plaçant sur des charbons déjà incandescens.

Cette marmite offre l'avantage de cuire la viande et les légumes très-promptement, tandis qu'il faut attendre cinq heures par les procédés ordinaires : c'est surtout dans les arts qu'elle peut être employée avec succès, lorsqu'il s'agit d'élever la température de l'eau au-dessus de 80 degrés, pour obtenir la gélatine des os, le ramollissement de la corne, de l'écaille, du bois : elle sera utile dans plusieurs opérations pharmaceutiques. Elle peut convenir aussi à une armée en campagne, qui n'a souvent qu'un temps très-limité pour préparer et prendre un repas.

### *Lampe astrale*, de M. BORDIER, *employée à faire cuire les alimens.*

M. BORDIER a fait l'essai de sa lampe en présence des membres du Conseil de la Société d'encouragement.

Cet appareil est composé d'une bouilloire en fer-blanc, à-peu-près conique, ayant à sa base un pied de diamètre, et qui, soutenue par une carcasse de fil de fer et par des crochets à la distance d'un pouce de la cheminée de verre, en reçoit le calorique. Elle est entourée d'une enveloppe de carton ou de fer-blanc qui conserve la chaleur.

Un morceau de bœuf pesant deux kilogrammes, placé dans cette marmite avec deux livres d'eau, s'est trouvé au degré de cuisson convenable au bout de cinq à six heures.

## Brûloir à café en terre cuite ;
### par M. Schuldres.

L'inventeur a voulu conserver l'usage du brûloir, comme un ustensile commode et expéditif,
en cherchant à remédier aux inconvéniens qui en
résultent ; il l'a donc construit en terre cuite. Cet
appareil consiste en un cylindre de terre à creu-
set, fermé par ses deux extrémités, et qui s'ouvre
dans son milieu au moyen d'une porte également
en terre, dont l'armateur extérieur est en tôle,
ainsi que le manchon destiné à recevoir le cylindre. La broche en fer qui traverse les brûloirs ordinaires est supprimée, en sorte qu'il n'y a pas un
seul point de contact entre le café et le fer, qui
ne sert que d'enveloppe.

Le fourneau est construit de manière à pouvoir y brûler du bois, et à n'en consumer que pour
3 centimes par livre de café. L'épaisseur du brûloir et l'emploi du bois font que le café n'éprouve
pas cette chaleur brusque et vive que donne un
brasier de charbon ardent, et la torréfaction plus
lente est plus appropriée à cette substance, dont
on cherche à conserver l'arôme.

Ces brûloirs se vendent de 12 à 16 fr., selon
les grandeurs, chez M. Schuldres.

## *Foyers portatifs et économiques.*

M. STENDEL, d'Esslingen, dans le royaume de Wurtemberg, a inventé des foyers portatifs à l'aide desquels on peut faire cuire des viandes d'une manière plus commode et plus agréable, en économisant la moitié du temps et les deux tiers du bois employé jusqu'alors. Quoique ce nouveau procédé ait obtenu du succès en Allemagne, l'inventeur a encore perfectionné ses foyers, dont le prix est modique. L'économie qu'ils procurent est telle, que lorsque le prix du bois est modéré, elle peut compenser, dans l'espace d'un an à dix-huit mois, les premiers frais d'établissement du foyer.

## *Bouclier à feu ou parafeu*, inventé par M. BUCKLEY, de New-York.

Cette machine est destinée à protéger les hommes occupés à éteindre un incendie, et surtout à empêcher le feu d'étendre ses ravages, de réduire en cendres de vastes bâtimens, et quelquefois même des villes entières. Le bouclier est d'une substance métallique mince, légère et impénétrable au feu; il a assez d'étendue pour couvrir entièrement un homme, et on peut l'employer dans différentes positions. Lorsqu'on s'en sert dans la rue, il est fixé fermement sur une petite plate-forme à roue un peu élevée de terre ; le pompier se place sur cette plate-forme, derrière le bouclier; il est alors tiré, par le moyen d'une corde, du côté où le feu se déclare avec plus de force, et peut, sans courir aucun risque, diriger à son gré le tuyau de la pompe à incendie. On peut former ainsi une ligne serrée de boucliers devant le foyer; et les pompiers, abrités par ce rempart, peuvent faire aller continuellement les pompes, tandis que par les moyens ordinaires, ils sont souvent obligés de fuir, à cause de l'ardeur du feu, et de le laisser gagner les édifices voisins du lieu de l'incendie. On peut se servir encore de ce bouclier d'une manière fort utile, en le changeant de forme, et en le transportant jusqu'a l'étage supérieur des maisons dont le toit est seul enflammé; à l'aide d'un mécanisme fort simple, on le fait projeter un peu en dehors d'une fenêtre, et de là le pompier lance l'eau de la pompe sur le toit de la maison et des bâtimens qui l'entourent.

*Bascule pour conserver la chaleur, et éteindre promptement le feu quand il prend dans la cheminée.*

C'est une plaque de tôle que l'on met à deux ou trois pieds au-dessous de l'ouverture d'en haut du tuyau de la cheminée; elle doit être précisément de la longueur et de la largeur de l'endroit où l'on veut la placer, afin de le boucher hermétiquement.

On ajuste dans le milieu de cette bascule deux tourillons que l'on fait entrer dans la muraille, par le moyen desquels on lui fait prendre telle situation qu'on juge à propos, en la tirant par deux fils d'archal qui sont attachés aux deux extrémités.

Cette bascule étant fermée, conserve la chaleur dans la chambre, lorsque le feu est couvert et qu'il n'y a plus de fumée. Elle empêche encore que la fumée des cheminées voisines n'entre dans celle qui est proche, comme il arrive assez souvent quand il n'y a point de feu dans le foyer. Enfin, elle peut servir à éteindre le feu qui prendrait dans la cheminée ; il n'y aurait qu'à ôter les tisons du feu, ou jeter de l'eau dessus, dont la vapeur contribuerait à éteindre le feu dans la cheminée ; ensuite fermer la bascule, et boucher le devant de la cheminée ; par ce moyen, et en un moment, une personne seule éteindrait tout le feu.

*Bascule dite* à réverbération *applicable aux cheminées, et perfectionnemens ajoutés aux tuyaux des poéles ;* par M. BERTRAND.

Cette bascule est composée d'une plaque de tôle de 5 décimètres de hauteur, portant, à sa partie inférieure, deux tourillons qui lui servent d'axe ; elle se place du côté du contre-cœur de la cheminée, et repose sur la partie supérieure de la plaque du fond.

On ouvre et on ferme cette bascule au moyen d'un mécanisme semblable à celui des bascules à crémaillères : l'extrémité de la tige en fer qui sert à la faire mouvoir, est terminée par un bouton placé au milieu et au-dessous de la tablette de la cheminée ; il suffit de pousser ou de tirer ce bouton pour ouvrir ou fermer la bascule. La tige porte une crémaillère qui permet de l'ouvrir plus ou moins.

Lorsque cette bascule est fermée, elle forme avec l'horizon un angle d'environ 60 degrés, et son arête supérieure vient s'appliquer contre le côté intérieur de la cheminée qui fait face à la plaque.

Le perfectionnement ajouté aux tuyaux de poêles consiste à diviser en deux parties, par une feuille de tôle, l'intérieur des tuyaux ordinaires qui sont terminés par une sphère creuse ; dans l'une de ces parties circule la chaleur qui sort du foyer, et dans l'autre descend la fumée, qui est conduite au dehors par un tuyau placé sous le plancher, et aboutissant dans une cheminée.

*Gardes-Feu et Chenets soufflans* (1).

On se plaint avec juste raison du peu de perfectionnement que les fumistes ont jusqu'à pré-

---

(1) Mémoire dans lequel se trouvent les principes généraux qui doivent servir à disposer nos foyers domes-

sent apporté dans la disposition de nos foyers. Si quelquefois une fumée incommode n'a dérangé qu'un écrivain occupé d'un nouvel impôt ou d'une loi fatale aux libertés publiques, elle trouble de même le savant laborieux qui médite des découvertes utiles, ou le poète qui nous apprend à prendre nos maux en patience, par les rêves d'une brillante imagination. La fumée, les courans d'air, troublent presque toujours la douceur du coin du feu.

M. DE LATOUR vient d'inventer des gardes-feu et chenets soufflans qui nous paraissent extrêmement ingénieux, et tout-à-fait propres à remédier aux inconvéniens que nous venons de signaler.

L'auteur, dans un mémoire fort bien rédigé, et qu'il a mis cependant à la portée des lecteurs qui ignorent les secrets de la chimie et de la physique, a développé les principes et les observations qui l'ont conduit à cette découverte. Il a eu raison de penser qu'on ne saurait trop répandre les procédés et les connaissances usuelles. Il remarque judicieusement que, malgré les pro-

---

tiques, de manière à obtenir du feu que nous y faisons le plus grand résultat possible, sans tomber dans les graves inconvéniens de la fumée et des courans d'air; par M. U. DE LATOUR. Brochure in-8.°; prix : 1 fr. 50 c. Chez M.me Lévi, libraire, *quai des Augustins*, N.° 25.

grès rapides que fait l'éducation dans toutes les classes, il manque à beaucoup d'ouvriers des notions justes sur la nature des choses qui font le sujet de leurs travaux journaliers. Il aurait pu ajouter que ces connaissances usuelles sont également utiles aux propriétaires et même aux locataires, souvent obligés d'avoir recours aux fumistes pour les débarrasser de cet hôte incommode et souvent insupportable.

La lecture du mémoire de M. DE LATOUR nous paraît donc convenir à un très-grand nombre de personnes. Il y donne un aperçu du feu, de l'air et de tous les corps qui forment la combustion et ses développemens ; il analyse les procédés connus, les *vasistas*, les *ventouses*, et tous les moyens employés jusqu'à ce jour pour nous délivrer de la *fumée*.

## *Appareils de Chauffage, dits* calorifères ; par M. OLIVIER.

Les principaux avantages de ces *calorifères* sont d'obtenir de toute espèce de combustible tout le calorique possible sans odeur ni fumée ; de brûler la fumée ; de laisser jouir entièrement de la vue du feu ; de donner une chaleur sensiblement graduée et qui peut se conserver long-temps dans l'appartement, ce qu'on obtient en employant pour conducteurs du calorique des corps qui s'échauffent et se refroidissent lentement, comme la terre, la brique, la faïence et la porcelaine ; de rendre le courant d'air assez vif pour repousser les vapeurs nuisibles hors de l'appartement ; de pouvoir arrêter le feu tout-à-coup en cas d'incendie, en fermant les registres ; de pouvoir faire chauffer un volume de 10 à 12 seaux d'eau, à l'aide d'une chaudière placée au-dessus du foyer, qui se chauffe sans augmentation de combustible ; de renvoyer dans l'appartement la chaleur, qui passe par des conducteurs placés derrière la glace de la cheminée, en employant des tissus métalliques, de crin ou de soie, dont les broderies analogues aux décors forment un bel effet ; de supprimer les faîtes des cheminées qui sont inutiles, puisque l'appareil est fumivore ; de pouvoir préparer les alimens comme dans une cuisine, sans se priver de la vue du feu ; et enfin de pouvoir chauffer les étages supérieurs aux dépens de celui qui est au-dessous.

### *Calorifères de* M. DESARNOD.

Toutes les pièces de ce calorifère sont en fonte. Le foyer est une espèce de cloche à laquelle est adaptée une porte pleine, qui ne s'ouvre que pour introduire le combustible ; dessous est un grand cendrier séparé du foyer par une grille. L'air qui alimente le feu entre dans le cendrier par une porte à coulisse, traverse la grille et le combustible embrasé, sort du foyer par un tuyau vertical, entre dans un premier tambour, descend par six tubes jusqu'à un canal $\frac{3}{4}$ circulaire, horizontal, et à la hauteur de la grille, remonte par sept autres tubes jusqu'à un deuxième tambour supérieur au premier, d'où il s'échappe par un tuyau unique pour sortir de la pièce.

Cet appareil est destiné à porter de l'air chaud dans les étages supérieurs; il doit être placé dans un caveau. Celui que les commissaires de la Société d'encouragement ont examiné, était monté dans une grande pièce; ce qui a obligé M. Desarnod de l'habiller d'une double enveloppe en tôle, ayant la forme d'une ruche ouverte par le bas. Une première couche d'air s'échauffe entre l'appareil et la première enveloppe; une seconde couche entre les deux enveloppes : l'air des deux couches se réunit en un tuyau unique, et est porté dans les étages supérieurs.

Les commissaires de la Société ont fait trois expériences avec cet appareil par un temps beau, la température extérieure étant de 5° au-dessous de zéro. Ils ont pris les cinq pièces d'une maison à 6° 25'; on a brûlé 25 kilogrammes de charbon de terre, et l'on a obtenu pour température moyenne 20° dans la pièce du rez-de-chaussée, 25° dans la première pièce du second étage, 20° 10' dans la seconde, 15° 75' dans la troisième, 13° 70' dans la quatrième.

Dans ces trois expériences, on n'a ressenti aucune odeur de la fonte ni de charbon de terre.

La manière d'élever la température des grands appartemens à l'aide de l'air chaud, met à l'abri de l'incendie; elle est agréable et économique. On peut, par des dispositions convenables, porter très-promptement le calorique dans la pièce où l'on en a le plus besoin. La chaleur se répand uniformément. Il ne peut jamais y avoir de courant d'air froid. L'air est continuellement renouvelé, ce qui rend les appartemens très-sains. Cette chaleur convient enfin particulièrement aux hôpitaux, aux bibliothèques, aux manufactures, etc.

L'emploi du charbon de terre présente une économie de plus de moitié sur le prix. C'est principalement dans les appareils à vaisseaux clos qu'il faut en recommander l'usage; mais pour qu'il y réussisse bien, il faut que l'air arrive par-dessous. C'est ce qu'a parfaitement conçu M. Desarnod dans son appareil. La combustion se fait très-bien, et le combustible le moins pur ne répand aucune odeur dans la pièce.

*Appareil à vapeur, propre aux usages domestiques; par* M. Whiteley.

Cet appareil, aussi simple qu'ingénieux et commode, est destiné à faire cuire à la vapeur une grande quantité de mets, à rôtir à feu nu, à

faire la pâtisserie au four, à chauffer les appartemens, salles de bains, etc., sans aucune surveillance de la part des domestiques, et avec une
grande économie de combustible. La chaudière
est disposée de manière à être chauffée par le
même feu qui sert à d'autres usages, et qui suffit
pour maintenir l'eau constamment au point de
l'ébullition, sans qu'il soit nécessaire d'en entretenir au-dessous. Occupant au fond du foyer
la place des plaques ordinaires de cheminées, elle
ne cause aucun embarras et ne gêne point le
service. Un tuyau muni d'un robinet distribue
la vapeur dans les diverses parties de la cuisine,
ainsi que dans l'étage supérieur que l'on veut
chauffer.

## Calorifère à circulation d'air chaud;
### par M. Meisner.

Ce calorifère est établi dans une petite chambre
que l'auteur nomme *chambre à chaleur*, et d'où
l'air chaud se communique par des tuyaux aux
pièces qu'on veut échauffer, tandis qu'on fait
repasser dans la chambre à chaleur l'air le plus
froid qui occupe la partie inférieure de ces pièces,
ce qui établit une circulation qui embrasse toute
la masse d'air dont on veut élever la température;
circulation qui ne cesse qu'au moment où s'é-
vanouit entièrement la différence de température
dans toutes les couches d'air qui sont en com-

munication près ou loin du foyer. A cet effet, le courant d'air chaud, spécifiquement plus léger, passe par des tuyaux qui partent des points les plus élevés de la chambre de chaleur, et débouchent à différentes hauteurs dans la pièce à échauffer, suivant les circonstances; au contraire, l'air froid, spécifiquement plus pesant, s'écoule par des tuyaux qui commencent immédiatement près du sol des pièces, et se terminent aux points les plus bas de la chambre de chaleur.

On établit cette chambre au rez-de-chaussée ou à la cave: on peut aussi placer l'appareil dans un coin de la cuisine, ou bien dans une cheminée commune à plusieurs appartemens. Dans le dernier cas, le calorifère communique avec les appartemens par de simples orifices percés dans les murs; dans le second, la communication se fait par des tuyaux. Les orifices et les tuyaux sont pourvus de clapets pour régler à volonté le courant d'air, le diminuer ou même l'intercepter instantanément.

Lorsqu'on a besoin de renouveler l'air, il y a une communication entre l'atmosphère d'une part, et la chambre à chaleur de l'autre; il y en a une pareille entre l'atmosphère et chaque pièce, avec les mêmes moyens pour l'interrompre si l'on veut.

Ces appareils sont économiques, d'un service commode, et occupent peu d'espace.

*Appareil pour chauffer l'eau ou tout autre liquide, et la maintenir constamment au même degré de chaleur; par M. Bonne-*
MAIN.

Cet appareil consiste dans un calorifère ou fourneau cylindrique en cuivre baigné dans l'eau, et communiquant, par deux tuyaux, avec un réservoir supérieur dont on veut chauffer le liquide. L'intérieur renferme, indépendamment du foyer et de la grille, cinq tuyaux dans lesquels circule la fumée, dont la chaleur se communique au liquide qui les entoure, et qui s'échappe presque froide par la cheminée. Pour faire usage de cet appareil, on commence par jeter dans le fourneau la quantité de combustible jugée néces-saire pour l'alimenter pendant un temps donné, puis on y introduit quelques charbons incandes-cens pour allumer le feu; enfin, on ferme toutes les issues. La fumée, par l'effet de ses circonvolu-tions dans les tuyaux, se dépouille de toute sa chaleur, qui se communique à l'eau en traver-sant les parois des tuyaux qui y sont plongés. Lorsque cette eau a acquis le degré de chaleur voulu, on ouvre la communication avec le réser-voir supérieur, dont l'eau froide descend dans le fourneau, s'y mêle avec celle déjà chauffée, et remonte par un autre tuyau pour reprendre son niveau dans le réservoir. C'est alors que commence une circulation continuelle, qui dure jusqu'au moment où la température de l'eau du réservoir se trouve en équilibre avec celle de l'eau contenue dans le fourneau. De cette manière, le calorique peut être transmis à une grande distance du foyer, en disposant le nombre de tuyaux nécessaires. Ces tuyaux, remplis d'eau chaude en passant soit dans des fours à poulets, soit dans des serres, soit dans des salles d'hôpitaux, etc., y répandent une chaleur toujours égale.

Pour régler l'intensité du feu, M. BONNEMAIN a adapté à son fourneau un instrument nommé le *régulateur du feu*, dont la construction est fondée sur le principe de la dilatation des métaux par la chaleur. C'est une barre métallique renfermée dans une boîte en zinc ou en plomb hermétiquement fermée, et plongée dans l'eau du fourneau. Aussitôt que la chaleur a acquis un degré d'intensité plus fort que celui exigé, la barre s'alonge, et fait agir un levier qui, à son tour, fait descendre une tringle attachée à la soupape d'admission de l'air dans le foyer; cette soupape se ferme alors, et interrompt l'entrée de l'air. Lorsque le feu n'a plus assez d'activité, la barre métallique se resserre, et la soupape s'ouvre; de cette manière l'intensité du feu se règle d'elle-même et sans aucune surveillance.

Le régulateur du feu a été appliqué avec succès

à des fourneaux pour la fonte du suif, pour le chauffage des serres et à d'autres usages : on peut l'employer soit au bain-marie, soit à feu nu, en commandant, pour ainsi dire, au feu de brûler avec tel ou tel degré de vitesse.

## *Nouvel Appareil pour chauffer les liqueurs par la vapeur;* par M. Smith.

Cet appareil se compose de deux chaudières très-plates placées l'une sur l'autre. La chaudière inférieure devant tenir l'eau destinée à la production de la vapeur, et par conséquent à l'échauffement du liquide de la chaudière supérieure, doit être faite de lames de métal d'une épaisseur suffisante pour résister à la pression qu'elle devra éprouver. Cependant, comme les surfaces planes de cette chaudière tendraient toujours à se déformer et à se jeter en dehors, on retient cet écartement avec des boulons qui traversent les deux fonds, et qui sont placés de distance en distance. Cette chaudière est parfaitement close ; sa soupape de sûreté est établie au sommet d'un tube qui traverse et s'élève au-dessus de la chaudière supérieure.

Cette chaudière, dans laquelle on peut opérer toutes les concentrations, a cela de particulier, que son pourtour déborde de beaucoup la chaudière à vapeur qui lui sert de fond. L'auteur pense que

6*

les sels qui se sont déjà formés pendant l'évaporation seront, par le mouvement de l'ébullition, jetés sur les bords, et ne formeront plus les incrustations que l'on remarque dans les chaudières de l'ancien système, surtout quand le fond est concave.

### *Appareil pour chauffer l'eau par la vapeur et pour distribuer l'eau chaude.*

Cet appareil, construit à l'hôpital général de Derbyshire, en Angleterre, consiste en un cylindre de fonte tenant bien l'eau, et communiquant, à l'aide d'un tuyau sans soupape ni robinet, à un grand réservoir d'eau froide, dont le fond est plus élevé que le dessous du cylindre. Un tuyau terminé à sa partie supérieure en forme d'entonnoir, est fixé sur le cylindre, et s'élève aussi haut que le couvercle du grand réservoir, pour empêcher l'eau de se répandre par l'effet des ondulations qui pourraient avoir lieu. Dans l'intérieur du cylindre sont deux autres cylindres aussi en fonte, placés l'un au-dessus de l'autre, et réunis par un tuyau ; le cylindre inférieur est porté par trois pieds. Un tuyau établit la communication du cylindre supérieur avec une chaudière à vapeur ; un autre tuyau placé dans le bas, et courbé en forme de syphon, ne laisse sortir l'eau que lorsque le cylindre inférieur est tout-à-fait plein. L'eau chaude est évacuée par un tuyau disposé au-dessus du cylindre supérieur, et communiquant à l'extérieur.

*Calorimètre, ou Appareil propre à déterminer le degré de chaleur, ainsi que l'économie qui résulte de l'emploi des combustibles ; par M. MONTGOLFIER.*

L'emploi convenable du combustible est un des objets les plus importans dans tous les procédés des arts, et surtout dans les opérations chimiques ; il est également utile de connaître s'il y a de l'avantage et de l'économie à se servir de tel ou tel combustible, et de déterminer la force du calorique qui se dégage des substances que l'on brûle.

La même quantité de combustible de différente espèce ne donne pas toujours le même degré de chaleur, et il faut un espace de temps plus ou moins long pour qu'elle se dégage de l'un des combustibles dont on fait usage. Le succès d'une opération dépend très-souvent de la promptitude avec laquelle elle s'exécute. Les fabricans, les distillateurs, les cultivateurs, doivent par conséquent attacher beaucoup d'importance à connaître quel est le combustible le moins cher à employer, ou quelle est la proportion d'une quantité donnée de l'un relativement à une même quantité de l'autre, à l'égard de l'effet qui doit en résulter; enfin, quel est le moyen sûr et le plus facile de déterminer la différence de l'action du calorique. M. Montgolfier, à qui nous devons déjà tant de découvertes utiles, a résolu cette question par l'invention d'un appareil qu'il désigne sous le nom de *calorimètre* (1).

Cet appareil peut servir à différens usages, comme à faire bouillir l'eau à peu de frais. Il est d'une grande utilité dans l'économie domestique.

## *Machine pour diminuer la dépense du combustible, et opérer la combustion parfaite de la fumée dans les fourneaux; par M. Palmer.*

La pièce principale de cette machine est une caisse cylindrique horizontale en fer, ouverte à l'air extérieur, et contenant de l'eau aux deux tiers. Au milieu du cylindre, est l'axe d'une roue dont la circonférence est composée de trois tubes circulaires qui sont accolés par leurs extrémités en se dépassant de quelques pouces.

À la partie latérale du cylindre est une ouverture qui reçoit à soudure un tube brisé, dont l'ex-

---

(1) Cet appareil diffère essentiellement du calorimètre propre aux expériences chimiques, inventé par MM. Lavoisier et Laplace.

trémité conique vient se rendre sous la grille du fourneau. Lorsque la rotation a lieu dans un sens, l'air des tubes circulaires est chassé à travers l'eau dans le tube brisé, et arrive sous le fourneau. Si le mouvement de rotation est inverse, l'effet produit sous le fourneau est aussi en sens contraire, c'est-à-dire qu'il y a raréfaction, et l'air ambiant forme un courant rapide de bas en haut à travers le fourneau.

## Machine à chauffer les Carrosses.

Le fameux sellier-carrossier HELTON vient d'obtenir une patente pour l'invention d'une machine à chauffer les voitures. La nouveauté et l'utilité de cette invention attirent l'attention de tous les habitans de Londres. De pareilles voitures rendront les voyages d'hiver beaucoup moins incommodes, et pourront, en cas de besoin, remplacer avantageusement une mauvaise auberge. La machine est tellement disposée, qu'on peut augmenter ou diminuer la chaleur à volonté; elle ne tient point de place dans l'intérieur de la voiture; et ce qui en est visible fait ornement. La dépense en combustible est très-modique. On s'occupe déjà d'adapter la machine de M. HELTON aux voitures publiques, où, dans les hivers rigoureux, il est arrivé quelquefois que des voyageurs ont été gelés.

## *Appareil pour chauffer à la vapeur l'eau des bassines où l'on file les cocons ; par* M. GENSOUL, de Bagnols.

L'académie des sciences, la société d'agriculture et la chambre du commerce de Turin, ont publié un rapport des expériences auxquelles cet appareil a été soumis. Le résultat en a été communiqué à la chambre du commerce de Nîmes, qui a cru devoir le faire connaître dans le département du Gard.

Dans cet appareil, la chaleur se gradue à volonté, sans que la fileuse ni la tourneuse soient jamais détournées de l'objet principal de leur travail ; et comme il n'y a point de feu dans les fourneaux, la soie ne peut être ternie par la fumée. On peut substituer des vases de bois poli aux bassines de cuivre. Les fourneaux occupent moins de place que ceux qui sont actuellement en usage ; et la machine pouvant se démonter, l'atelier, après la filature, reste disponible pour un autre emploi.

Suivant le procédé ordinaire, il faut une demi-heure pour chauffer l'eau des bassines ; ici, quinze minutes suffisent pour obtenir la chaleur nécessaire, et l'économie du combustible est de deux tiers.

Le produit du filage à la vapeur, comparé à celui du mode usité, donne 383 au lieu de 365.

Le diamètre des soies du même titre a été trouvé pour les soies filées à la piémontaise, de 7625 millimètres, et pour les soies filées suivant l'autre procédé, de 6650 millimètres. Ces dernières sont un peu plus fortes et un peu plus élastiques que les premières.

Au dévidage, au moulinage, à la teinture et à la fabrication, il n'a été aperçu entre les unes et les autres aucune différence sensible, ni dans le produit, ni dans le déchet, ni dans l'éclat des couleurs, ni dans la qualité de l'étoffe.

La chambre du commerce de Nîmes invite particulièrement les entrepreneurs de filatures de soie à vérifier et adopter le procédé de M. GEN-SOUL.

## *Chaudières économiques;* par le Comte DE RUMFORD.

Ces nouvelles chaudières épargnent beaucoup de combustible.

Le fond, d'un pied de diamètre, porte plusieurs petits cylindres creux, ordinairement au nombre de sept, de 3 pouces de diamètre et 7 de longueur. L'eau de la chaudière entre dans ces cylindres, qui, plongeant directement au milieu des matières enflammées, sont chauffés très-promptement. L'eau qu'ils contiennent est donc bientôt échauffée, et communique sa chaleur à celle de la chaudière.

M. de Rumford a prouvé que l'eau contenue dans une pareille chaudière est échauffée une fois plus vite que la même quantité qui se trouve dans une chaudière à fond plat, et qu'on épargne par conséquent la moitié du combustible.

M. le comte de Rumford, conjointement avec M. Auzilly, fabricant de savon à Marseille, a appliqué cette chaudière à la fabrication du savon. Ils sont parvenus à faire par ce procédé du savon en 6 heures, tandis qu'il aurait fallu 60 heures pour le faire par le procédé ordinaire. La vapeur de la chaudière, introduite dans le mélange d'huile et de lessive alcaline, est condensée subitement. Cette condensation produit un coup fort comme celui d'un marteau, et qui fait trembler tout l'appareil.

## *Chauffeurs* de M. Sylvester.

Le célèbre capitaine Parry, dans la relation de son troisième voyage aux pôles, fait le plus grand éloge des *chauffeurs*, inventés par M. Sylvester, pour répandre une égale chaleur dans les bâtimens destinés à voyager dans les parages hyperboréens.

« Je ne sais, dit-il, en quels termes exprimer
» mon admiration pour cette invention, faite par
» le génie des Anglais. Le foyer fut placé tout
» au fond de la cale, afin que le courant d'air

» chaud fût plus rapide, en raison de la hauteur
» des tuyaux qui le distribuaient dans les cham-
» bres des Officiers, sans que la chaleur pût se
» dissiper en pure perte. Cet arrangement offrait
» un avantage non moins grand, et dont nous
» nous aperçûmes. La circulation de l'air chaud
» servant de ventilateur, nous ne fûmes nulle-
» ment incommodés par l'humidité, ni en proie
» à ses mauvais effets. Des bouches de chaleur
» furent ouvertes dans la fosse aux câbles, où les
» matelots transportèrent leurs hamacs. Le tiers
» de l'équipage put y coucher pendant tout l'hi-
» ver : la température s'y maintint à-peu-près
» au même degré; et l'air, continuellement re-
» nouvelé et toujours chaud, nous procura pen-
» dant huit mois un soulagement dont nous avions
» besoin. Garantis du froid et de l'humidité, res-
» pirant un air pur, nous dûmes aux *appareils*
» *chauffeurs* toutes ces améliorations. »

*Précautions à prendre dans la construction
d'une cheminée pour qu'elle ne fume pas.*

1.° Il faut faire ensorte qu'elle ne soit pas do-
minée par les bâtimens voisins; 2.° que son orifice supérieur, moins large que l'inférieur, y
soit cependant proportionné; 3.° que sa largeur
intérieure soit en raison et du feu que l'on y doit
faire habituellement, et de l'appartement que

l'on doit échauffer; 4.º qu'elle soit placée dans l'endroit le plus avantageux de l'appartement, comme au centre, et, s'il se peut, en face d'un mur, et non d'une fenêtre ni d'une porte. 5.º Si l'appartement ne fournit pas assez d'air à la cheminée, on peut lui en fournir de dehors par des ventouses qui s'ouvrent dans la cheminée à la hauteur du chambranle; 6.º Enfin, si malgré ces précautions la cheminée fume encore, on peut rétrécir intérieurement sa capacité, par le moyen de planches de plâtre, qui, la diminuant, augmenteront la rapidité du courant de la fumée.

Une cheminée est destinée ou à chauffer simplement un appartement, ou à la préparation des alimens. Dans le premier cas, les chambranles peuvent avoir 4 pieds et demi ou 5 de largeur, sur 3 pieds et demi ou 3 pieds 8 pouces de hauteur. Dans les grands salons, les galeries, les salles d'assemblées, on doit leur donner plus de hauteur et de largeur, mais toujours proportionnellement à la largeur des appartemens. Dans le second cas, on ne craint pas de leur donner une grande largeur, parce que le service de la cuisine demande un feu étendu; il en résulte une plus grande commodité, et il est beaucoup plus facile de faire cuire plusieurs choses à-la-fois.

Si l'on ne chauffe la cheminée qu'avec du *bois*, l'âtre doit être de niveau avec la chambre. Deux chenets suffiront pour élever le bois, et laisser circuler l'air tout autour. Si on la chauffe avec du *charbon de terre*, alors on la garnit avec une grille ou cage de fer, dans laquelle on met le charbon de terre. Ordinairement cette grille est placée entre deux maçonneries qui servent à supporter les vases où l'on veut faire cuire quelque chose. Le feu du charbon de terre est plus durable que celui du bois, et infiniment moins dispendieux.

Le manteau de la cheminée peut être construit en briques ou en pierres; mais il faut avoir la plus grande attention d'éviter de l'appuyer contre quelque mur faible et sujet à se fendre à la chaleur, d'y laisser pénétrer des poutres ou des soliveaux : ces pièces de bois, desséchées par la chaleur continuelle qu'elles éprouvent, prennent feu à la fin, et causent d'affreux incendies.

*Moyens à employer pour empêcher beaucoup de cheminées de fumer, ou plutôt d'enfumer les chambres où elles sont.*

On lit tous les jours dans les affiches ou annonces le nom de gens qui, sous le titre de fumistes qu'ils se donnent, avertissent le public qu'ils possèdent le secret d'empêcher les cheminées de fumer. Malheureusement ces gens ignorent les principes de la physique, qui leur apprendraient pourquoi chaque cheminée fume, et comment on doit y remédier ; mais ils ont, en général, assez de hardiesse pour faire croire à la plupart des particuliers qu'ils vont remédier à l'incommodité qu'ils éprouvent. Cependant, toute leur science consiste à avoir vu chez des gens instruits, ou chez leurs maîtres, un ou plusieurs moyens employés contre la fumée ; et après avoir demandé pour leur travail une somme qui est triple ou quadruple de ce qu'il vaut, ils pratiquent à la cheminée le moyen qu'ils ont adopté pour toutes, ou un des moyens qu'ils connaissent, sans savoir celui qui est préférable pour cette cheminée. Les uns mettent au haut de la cheminée différentes mitres, des tuyaux de poêle simples, des tuyaux en T, des tuyaux à girouettes ; les autres percent la tête de la cheminée de trous obliques, ouverts plus bas en dehors, plus hauts en dedans, y ajoutant des tuyaux de terre ou de tôle. Quelques-uns, dont il faut le moins faire usage, demandent à travailler dans la cheminée sans être vus, sous prétexte de cacher leur secret ; et, en effet, pour mieux tromper, ils portent une poignée de plâtre et quelques tuileaux, plâtras ou pierres qu'ils maçonnent dans un coin de la cheminée. Les plus adroits choisissent pour venir travailler, un jour où règne le vent du nord, ou d'est, ou de nord-est, par lesquels peu de cheminées fument, afin que l'on puisse voir, en allumant le feu, dès qu'ils ont fait leur ou—

vrage, qu'ils ont bien réussi. D'autres, sous le nom d'Italiens, ont mis fort à la mode un moyen d'empêcher la fumée, qui réussit souvent, mais qui substitue une incommodité à une autre : ils mettent deux planches de plâtre l'une devant l'autre, à un ou deux pouces de distance, et inclinées vers le cœur de la cheminée ; l'intérieure commence à 1 ou 2 pouces du manteau, et descend à 8 ou 10 ; l'extérieure joint le manteau, et descend à 5 ou 6 pouces. Toutes les fois que l'on avance les pieds, les jambes, et surtout les mains dans le manteau, on sent un air ou vent froid qui frappe ces parties ; ce qui est d'autant plus incommode, que l'on n'approche davantage du feu que parce qu'on a plus froid.

On emploie encore contre la fumée de petites cheminées de tôle, qui se nomment *cheminées à la prussienne*, dont le devant est fort bas, et l'extrémité supérieure terminée en cône tronqué, qui se ferme plus ou moins au moyen d'un couvercle. Cette cheminée a souvent l'effet qu'on en attend ; mais pas toujours : d'ailleurs elle est incommode, en ce qu'on n'y peut faire qu'un feu étroit de bois court, et que, présentant peu d'ouverture, il est difficile qu'une compagnie de huit personnes s'y chauffe bien. En outre, chaque fois que l'on veut faire ramoner, il faut un maçon pour déboucher et reboucher l'entrée de la cheminée. Il est naturel d'éviter, autant qu'on le peut, ce travail, qui salit les appartemens, et prive pendant une journée de l'usage de la cheminée ; on diffère le ramonage, et on risque de mettre le feu.

Quelques-uns se contentent de mettre sur le devant de la cheminée une planche ou une plaque de fer-blanc, ou droite, ou inclinée ; ou plate, ou arrondie, percée ou non percée, qui tient au bas du manteau, s'avance plus ou moins vers le cœur de la cheminée, et descend plus ou moins bas. Ces moyens sont quelquefois suffisans, mais leur peu de solidité doit les faire rejeter : tôt ou tard la planche de bois prend feu, et elle peut causer un incendie dans la chambre, si on est sorti sans s'en apercevoir. Le fer-blanc qui joue toujours, joint mal les trois côtés de maçonnerie qui bouche, et laisse passer de la fumée.

En rapportant les divers expédiens employés contre la fumée avec peu de succès, ou divers inconvéniens, je ne dois pas oublier de citer les différentes ventouses, soit conduits, soit ouvertures, qui apportent au-dedans des cheminées et des chambres de l'air du dehors, pour forcer la fumée à monter dans le tuyau de la cheminée. Ces ventouses sont de bien des espèces : nous avons déjà parlé de celles qui se font à la tête de la cheminée ; il s'agit ici de celles qu'on fait au corps même de la cheminée, dans les parties qui ne sont point enveloppées de bâtimens, et de celles qu'on pratique dans l'âtre même, soit sur

( 151 )

les côtés, soit au milieu et en avant : on met des
tuyaux qui s'élèvent de l'âtre jusqu'au-delà du
manteau à différentes hauteurs; ou une soupape
qui se met en devant de la cheminée, vis-à-vis le
milieu du feu : ces divers moyens réussissent pas-
sablement quand ils sont disposés comme il convient; mais dans le nombre des inconvéniens auxquels ils sont sujets, il y en a deux qui doivent
les faire rejeter; d'abord, dans le temps où l'air
est agité, ou très-froid, il s'établit par ces com-
munications avec l'air extérieur, un courant d'air
violent qui enlève avec l'air le plus voisin des
matières combustibles, toute la chaleur du feu;
ainsi elle est perdue presque en totalité pour la
chambre : en second lieu, dans le temps où l'air
est pesant, stagnant, comme lorsqu'il fait fort
humide, dans les brouillards, et quand le vent est
au midi ou au couchant, ou entre ces deux points,
ces ventouses sont insuffisantes pour empêcher la
fumée (1).

On emploie encore d'autres ventouses, qui
sont des ouvertures dans les murs à raz de terre,

---

(1) Des précédens moyens, il y en a un qu'il est très-
commode d'avoir quand le lieu le permet; c'est la ventouse à soupape au devant de la cheminée, vis-à-vis le
milieu du feu; mais ce n'est pas contre la fumée qu'elle
est utile; c'est pour allumer et animer le feu quand il
le faut; ce qui épargne la peine de souffler, le désagré-

ou dans le plancher ; ce sont des trous comme des chatières, qui s'ouvrent ou se ferment à volonté et au besoin par de petites portes de bois ; soit aux fenêtres par des carreaux encadrés de fer ou de cuivre, qui s'ouvrent de divers sens, et plus ou moins ; ou bien des vitres mobiles faites avec des lames de fer-blanc : ces carreaux encadrés se nomment vasistas : tous ces moyens ont le bien grand inconvénient de laisser entrer l'air froid en quantité d'autant plus grande, qu'il y a plus de feu dans la chambre ; l'air frappe vivement telle ou telle partie du corps des gens qui s'y trouvent, selon l'élévation où est placée la ventouse ou le vasistas.

## Moyens d'empêcher les cheminées d'enfumer les appartemens.

Un très-bon moyen d'empêcher que les cheminées ne fument, serait de leur donner, quand on les construit, moins d'étendue en largeur ; plus de largeur dans le haut que dans le bas ; il

---

ment de ce bruit, et l'incommodité d'avoir au milieu de la cheminée une personne qui, tant qu'elle souffle, empêche les autres de se chauffer ; ce qui est encore plus désagréable quand c'est un domestique que l'on fait souffler le feu. On évite ces incommodités en entr'ouvrant la soupape de manière que l'air frappe sur l'endroit où il y a un peu de feu.

suffirait qu'elles eussent, par le haut, un quin-
zième de moins en tous sens qu'à la naissance du
tuyau. Cet élargissement ménagé du bas en haut
par degrés insensibles, donnerait à la fumée plus
de place pour s'étendre à mesure qu'elle monte,
et ne serait pas nuisible à la solidité de la construction.

On verrait beaucoup moins de cheminées fumer si on perfectionnait les dimensions intérieures
des cheminées à l'étendue de la chambre où elles
se trouvent : la plupart des chambres sont trop
petites pour qu'étant fermées, comme on le fait
en hiver, l'air de la chambre puisse contrebalan-
cer la colonne d'air de la cheminée. Il n'est pas
possible de donner aux cheminées moins de dix
pouces de profondeur, parce qu'il faut cet espace
pour qu'un ramoneur puisse y monter et travailler ; mais on pourrait sans inconvénient lui donner
moins de largeur. Le tuyau ne devrait pas avoir
plus de deux pieds de largeur, à commencer à la
hauteur du dessus du chambranle, du moins pour
toutes les pièces qui n'excèdent pas douze à quinze
pieds en tous sens ; on ferait dans les deux coins,
depuis le chambranle jusqu'au rétrécissement ,
deux rampans en maçonnerie, qui gagneraient le
rétrécissement , et y conduiraient la fumée des
coins de l'âtre.

Mais dans l'état actuel de la plupart des cheminées, dont le tuyau est fort large et les cham-

bres petites, le meilleur moyen assez usité pour empêcher la fumée de sortir dans la chambre, c'est d'abaisser le manteau de la cheminée d'un pied et même davantage. Si la chambre est très-petite, on remplit plus ou moins les coins de la cheminée pour rétrécir l'âtre, et ne lui laisser que deux pieds de largeur ou même beaucoup moins, de manière que la face de quelques cheminées n'ait pas plus de quinze ou de dix-huit pouces.

Si on faisait cet abaissement et ce rétrécissement carrément et de niveau aux faces extérieures des cheminées, on aurait souvent des cheminées trop profondes, et une partie de la chaleur du bois serait perdue pour la chambre : on prévient cet inconvénient en donnant plus de largeur à l'entrée ou partie antérieure de cette petite cheminée qu'elle n'en a dans le fond, en garnissant de fonte ou de tôle les côtés, ainsi que le fond de la cheminée. On fait bien encore d'élever un peu, comme de six pouces, l'âtre de ces cheminées, afin de n'avoir pas un manteau si bas et qui couvre trop le feu. Cette élévation de l'âtre rapproche encore le feu de ceux qui s'en approchent. Mais ces cheminées ne peuvent contenir que peu de bois, tant en largeur qu'en profondeur, et ce feu a une trop petite surface pour chauffer plusieurs personnes et d'autres pièces que celles qui sont fort petites; d'ailleurs on n'y peut relever sur les côtés des tisons pour le besoin.

*Moyen simple de se préserver de la fumée;* *publié* par M. BARRET.

Il faut adapter dans l'intérieur de la cheminée un tuyau de tôle en forme de T, à cinq ou six pieds de distance de l'orifice de la cheminée, et pratiquer dans le reste du corps de cette cheminée, des ouvertures aux quatre faces, recouvertes d'un abri pour laisser différentes issues à la fumée dans tous les vents possibles.

1.° Il fume dans un appartement lorsque l'air intérieur ne suffit pas pour détruire la pression de l'air extérieur qui pèse sur l'orifice de la cheminée ; cet obstacle est détruit par la méthode indiquée, puisque l'air est raréfié par la chaleur à l'endroit où la fumée se dégorge du T.

2.° Il fume encore quand le vent refoule la fumée dans l'appartement : il est aisé de voir que cet inconvénient est impossible dans ce nouveau procédé.

### Procédé contre la Fumée.

On a beaucoup écrit sur la fumée ; on a indiqué quelques moyens de s'en garantir. M. L***, voyant qu'un de ses amis les avait tous employés sans succès, a pris une marche nouvelle.

Il fit abattre tous les tuyaux extérieurs de ses cheminées, et intercepta, entre ces tuyaux et l'atmosphère, toute communication immédiate.

Il établit, par des cloisons en brique et plâtre, au plus haut des combles, un corridor ou longue pièce, où il fit aboutir tous les tubes évacuateurs de fumée.

Ce réservoir, dont les dimensions peuvent être considérées comme indéfinies, est ( si l'on veut ) surmonté (1) d'un petit pavillon ou dôme à quatre faces orientées, ayant chacune une ouverture habituellement fermée par un abat-jour à ressort ; l'action très-simple d'un anémomètre tient béant l'abat-jour du côté opposé à l'action du vent.

Le succès a été si complet, que, pendant la plus horrible tempête, le dégorgement s'est opéré sans le moindre obstacle ; jamais, depuis, la fumée n'a reflué dans les appartemens. Les combles ont repris leur forme régulière : on sait combien nos plus majestueux édifices deviennent hideux par le seul aspect de ces énormes et ridicules tuyaux dont ils sont surchargés au hasard, par les besoins ou les convenances de la distribution intérieure.

D'après ces principes, les tuyaux de cheminées doivent être pratiqués dans l'épaisseur des murs,

---

(1) Quoique cette construction ne soit pas infiniment coûteuse, et qu'elle soit un ornement, on peut s'en dispenser ; quelques ouvertures grillées en bois, en planches percées, etc., suffisent bien.

en forme cylindrique de six pouces de diamètre
à-peu-près : le ramonage se fera par une forte
brosse de forme ovaire, que l'on suspendra à une
poulie au-dessus de chaque tuyau. On sent que
ces nouvelles constructions feront cesser tout
obstacle au placement régulier des bois des planchers et des combles, et que les appartemens
( surtout ceux des étages supérieurs ) ne seront
plus défigurés, obstrués, rapetissés par ces larges
et inutiles tuyaux dans lesquels d'ailleurs la fumée
ne peut jamais prendre une activité suffisante.
L'extrémité supérieure des nouveaux tuyaux sera
terminée en cône renversé, et recouverte d'une
calotte en plâtre.

Une forte pierre conique pouvant, au besoin,
fermer avec précision l'extrémité du tube, demeure habituellement suspendue au-dessus de
cette extrémité, par le sommet intérieur de la
calotte, au moyen de trois bouts de petite chaîne
réunis par une mince ficelle dont les brins descendent dans le tuyau : la distance qui sépare la
pierre d'avec l'orifice du tube est telle, que l'é-
vacuation de la fumée n'en est point gênée ; mais
à la moindre manifestation d'incandescence, la
ficelle brûle et casse, le cône tombe dans le tube,
le ferme très-exactement, et prévient l'incendie.
D'ailleurs, le réservoir et la calotte étant en
brique et plâtre, ne présentent aucun aliment
au feu.

On est délivré des trop justes craintes qu'inspirent les chutes fréquentes des tuyaux actuels.

Les grands édifices exigeront plus d'un réservoir; mais le goût assignera l'emplacement et les formes des pavillons dont ils seront surmontés; et loin de nuire à l'élégance de la construction, ils y contribueront.

On emploiera tous les procédés tendans à perfectionner la combustion et le remplacement de l'air dont elle est alimentée : enfin le mode proposé n'exclut aucun de ceux dont nous sommes redevables aux bienfaiteurs de l'humanité; il en est le complément, et en assure tous les avantages.

## Moyen d'empêcher les cheminées de fumer.

(Traduction de l'anglais.)

Quelqu'agréable que soit la chaleur vive et gaie des cheminées pendant les rigueurs de l'hiver, telle est l'incommodité produite par la fumée, quand elle est refoulée dans les appartemens, que l'on est souvent obligé d'éteindre le feu pour s'en délivrer. C'est le reproche que l'on fait surtout aux habitations construites par nos ancêtres, qui sacrifiaient à la solidité les commodités les plus indispensables. Le moyen que nous allons indiquer pour prévenir la fumée n'est pas nouveau; il a été employé d'abord dans les logemens que l'on construisit pour l'armée anglaise

en Amérique pendant la guerre de l'indépen-
dance, et il l'a été depuis dans plusieurs villes
d'Amérique, ainsi qu'à Edimbourg, et toujours
avec succès. Il consiste simplement à rétrécir la
cheminée, aussitôt que possible, au-dessus du
foyer; de l'élargir ensuite dans une étendue de
quatre ou cinq pieds, et de la ramener de nouveau à sa première dimension. La propreté des
appartemens dont les cheminées ont été ainsi
construites, est une preuve incontestable de la
bonté de ce moyen.

*Appareils dits* Fumifuges *, pour empêcher
le refoulement de la fumée dans les cheminées; par M.* Désarnod.

Dans les constructions des cheminées, il est
très-difficile et souvent même impossible de remédier aux causes extérieures qui les font fumer;
ces causes proviennent soit de ce que les cheminées sont dominées par des murs élevés, des
montagnes ou de grands édifices, soit de la raréfaction de l'air par les rayons solaires, soit enfin
des coups de vent qui refoulent la fumée et ren-
voient les cendres quelquefois jusqu'au milieu des
appartemens.

M. Désarnod a cherché à remédier à ces
nombreux inconvéniens, par l'invention de ses
appareils fumifuges, qui se placent au haut des

cheminées, et dont l'effet est certain; il en est de différentes formes; savoir :

1.º Un T fumifuge, composé d'un tuyau vertical en forte tôle, surmonté d'une portion de tuyau carrée et cintrée, dont les deux extrémités sont ouvertes pour laisser échapper la fumée; 2.º un globe aussi en tôle, percé, sur toute sa circonférence, d'orifices sur lesquels sont ajustés des petits tubes coniques surmontés chacun d'une calotte, assez éloignée cependant de l'ouverture pour donner passage à la fumée ; 3.º une lanterne divisée intérieurement en seize parties égales, dont huit forment alternativement des ouvertures; elle est entourée d'une zône pleine, à une distance convenable, pour garantir ces mêmes ouvertures des effets du vent, de manière à ne laisser échapper la fumée que par-dessous ou en dessus, selon la direction du vent; 4º. un triangle fumifuge; 5.º enfin, une bascule qui a la propriété de se fermer du côté d'où vient le vent, et par ce moyen de laisser librement échapper la fumée du côté opposé.

Chacun de ces appareils s'adapte à une base, espèce de mitre analogue à celles en plâtre de nos cheminées : il y est solidement scellé.

## *Fourneau fumivore à grille tournante;*
### par M. Brunton.

De tous les moyens de brûler la fumée des fourneaux, deux particulièrement ont reçu l'approbation des plus habiles manufacturiers d'Angleterre. Le premier, qui est dû à MM. Parker et fils, de Warwick, consiste à faire arriver l'air entre le feu et l'endroit où la fumée pénètre dans la cheminée, ce qui rend parfaite la combustion de la fumée, tant que la porte du fourneau est exactement fermée, et diminue la rapidité du courant d'air chaud qui circule autour de la chaudière avant de passer dans la cheminée ; l'admission de l'air extérieur est réglée au moyen d'une soupape. Après avoir bien allumé le feu le matin, on jette sur la grille, qui est de grandeur ordinaire et un peu inclinée, la quantité de charbon nécessaire pour la consommation de la journée. La porte du fourneau et la soupape placée dans la cheminée, étant fermées, le chauffeur n'a presque rien à faire ; seulement, s'il voit la vapeur diminuer, il attise le feu pour faire brûler les parties du charbon qui ne l'ont pas été, ce qui suffit pour le reste de la journée.

Le second moyen, qui est dû à M. Brunton, a été adopté dans un grand nombre de manufactures anglaises. Son fourneau fumivore, adapté à une machine à vapeur de son invention, est de

l'espèce de ceux qu'on nomme *athanor* ou à trémie ; il diffère de tous les autres en ce qu'il a
pour but d'obtenir le plus grand effet possible au
moyen d'un feu très-clair. Sa partie antérieure,
en forme de voûte très-surbaissée, est construite
en briques réfractaires. La flamme circule autour
de la grande chaudière, dont la forme n'a rien de
particulier. Un bouilleur semi-circulaire, faisant
corps avec la chaudière, est établi en avant du
fourneau et au-dessus de la grille ; ce bouilleur, qui
reçoit l'action directe de la flamme, est percé au
milieu d'un canal à travers lequel le combustible
tombe sur la grille.

La fosse aux cendres pratiquée au-dessous de la
grille a la forme d'une trémie ; les cendres, en
glissant le long de ses parois, tombent sur une
trappe placée au fond, et qu'on ouvre lorsqu'on
veut vider le cendrier.

La grille est circulaire et entourée d'un revê-
tement en briques très-réfractaires, servant à
maintenir le charbon ; au-dessous de la grille est
établie une rigole en fonte remplie de sable sec,
et dans laquelle tourne le bord inférieur du revê-
tement. Cette disposition a pour objet d'empêcher
que l'air du cendrier ne pénètre dans le fourneau
autrement qu'à travers la grille.

Tout le système est porté par un arbre vertical tournant à pivot, et portant une roue den-
telée, dans laquelle engrène une autre roue, mue

par une lanterne fixée à l'extrémité d'un axe ver--
tical qui reçoit son mouvement du mécanisme de
la machine à vapeur.

Le charbon est jeté dans une trémie en fer,
d'où il tombe à des intervalles fixes dans un réservoir, et ensuite sur la grille. La quantité de
combustible qui s'échappe chaque fois de la trémie
est réglée par un tiroir incliné, dont le mouvement d'allée et de venue s'opère par le même
mécanisme qui fait tourner la grille, laquelle fait
une révolution entière en deux minutes.

Comme le charbon tombe constamment sur la
grille dans la partie le plus rapprochée de la porte
du fourneau, qu'il ne s'en échappe que de petites
quantités à-la-fois, et que la grille tourne très-
lentement, le combustible est promptement
séché; et la fumée qui s'en dégage, forcée, pour
arriver à la cheminée, de passer par-dessus un feu
très-clair, est presque entièrement consumée.
L'introduction de l'air nécessaire à la combustion, et qui se fait par la fosse aux cendres, est
réglée suivant la quantité de charbon qu'on emploie; et comme on n'a pas besoin d'ouvrir la
porte pour attiser et renouveler le feu, ainsi
qu'on le fait dans un fourneau ordinaire, la chaudière n'est pas continuellement refroidie par
l'admission de l'air. La trémie, contenant du
charbon pour deux ou trois heures, le chauffeur
a peu de chose à faire; par conséquent, la dé-

pense du combustible et la durée de la chaudière
sur laquelle influe beaucoup la régularité du feu,
ne dépendent plus d'un ouvrier, et peuvent se
régler avec la même précision numérique que
la vitesse de la machine et le remplissage de la
chaudière.

### *Sur les Fourneaux à flamme renversée qui consument leur fumée.*

On a long-temps cherché à établir des fourneaux ou foyers de combustion qui eussent la
propriété de consumer leur propre fumée. C'était
un grand point de pouvoir se délivrer de cet inconvénient, très-grave pour les personnes qui se
trouvent dans le voisinage des grandes fonderies,
des brasseries, des machines à vapeur, etc. Il
s'est écoulé un temps considérable depuis qu'on a
employé la houille et le bois dans des alandiers,
sans qu'on ait pensé à appliquer ce principe aux
foyers des grandes usines. Ce sont MM. ROBER-
TON (1), de Glasgow, en Écosse, qui en ont les
premiers fait l'application aux foyers des pompes à
feu. Il est inutile de citer ici les avantages qui résultent d'une pareille disposition pour plusieurs
fabriques. La fumée, au lieu de diminuer l'effet du

---

(1) MM. Jean et Jacques ROBERTON ont eu un brevet
pour cette invention.

combustible, tend ici à augmenter l'intensité de la chaleur; ainsi, tout est en faveur de ce procédé; de plus, le combustible en ignition est toujours sur le derrière du fourneau, tandis que le charbon frais tombe sur le devant, et se trouve allumé plus régulièrement qu'il ne serait possible de le faire par toute autre disposition.

Plusieurs de ces fourneaux ont déjà été adoptés à Leeds et à Manchester. Les propriétaires de machines à vapeurs, ceux des brasseries, des teintureries, etc., et tous ceux qui sont incommodés par le service de ces usines, ne sauront trop tôt s'emparer de ce perfectionnement, qui mérite d'être employé partout, comme très-économique, et comme contribuant à la propreté et à la salubrité des grandes villes; car toute fumée que nous voyons s'élever au-dessus des cheminées, est autant de très-bon combustible qui s'échappe et se perd, faute d'air pur qui puisse le consumer sous la chaudière, et fournir une chaleur proportionnée. C'est un fait bien connu, que la flamme qu'on voit s'élever au-dessus des cheminées des fondeurs n'existe point dans le tuyau, qui n'est rempli que d'un mélange d'azote, résidu de l'air atmosphérique, d'hydrogène, de goudron volatilisé et de matières charbonneuses; le tout à une température assez haute pour qu'il ne manque à sa combustion que la proportion nécessaire d'oxigène. Cette condition a lieu dès que ce mélange ascendant arrive au sommet du tuyau, en contact avec l'air atmosphérique ambiant : la flamme se produit là spontanément, et un observateur inattentif croirait aisément que cette flamme est montée en nature tout le long du tuyau, ce qui n'a point eu lieu. Ce fait convaincra toute personne qui voudra bien y réfléchir, que la portion de combustible qui se perd ainsi n'est pas peu considérable, et cette perte n'est pas la seule ; car la quantité de chaleur requise, non-seulement pour volatiliser cette portion du combustible, mais pour l'élever et la maintenir à une température capable de produire l'effet dont on vient de parler cette chaleur, disons-nous, ne peut être fournie qu'aux dépens d'une quantité de combustible en sus du nécessaire, et est, par conséquent, dépensée en pure perte. Nous nous sommes persuadé que dans bien des cas la perte s'élève jusqu'à une huitième partie du combustible employé.

Nous pourrons aussi ajouter que la belle expérience des thermolampes de LEBON montre jusqu'à l'évidence combien la combustion du fluide aériforme, dégagé du combustible, fournit de chaleur et de lumière.

## *Moyen de consumer la Fumée dans les fourneaux; par M. NEVILLE.*

Le moyen le plus ordinairement employé pour opérer la combustion de la fumée dans les fourneaux, consiste à faire arriver sur la flamme, à la naissance de la cheminée, une lame d'air froid qui vient fournir assez d'oxigène pour la compléter, au moins en grande partie. L'auteur a cru nécessaire de déterminer, par un tirage artificiel, l'arrivée d'une plus grande quantité de cet air. Pour cela, il place à la partie inférieure de la cheminée, et au-dessus de l'ouverture par où s'introduit l'air froid, un ventilateur à force centrifuge, qui aspire, par le mouvement de rotation qui lui est imprimé, et l'air brûlé du foyer, et celui qui est nécessaire à l'entière combustion de la fumée. Ce moyen pourrait peut-être servir avec succès à produire un plus fort tirage dans les cheminées peu élevées, ou lorsque la chaleur de l'air brûlé n'est pas assez considérable pour lui donner une légèreté suffisante et une ascension rapide.

## *Moyen simple d'éteindre promptement le feu d'une cheminée.*

« Toute personne qui craint le feu, dit RoZIER, devrait avoir chez soi une ou deux livres de fleur de soufre ; la dépense est médiocre, et la conservation facile. Aussitôt que l'incendie se manifeste, jetez sur le brasier qui couvre l'âtre de la cheminée quelques poignées éparses de *fleur de soufre*, et bouchez le bas ou ouverture de la cheminée avec une couverture de laine bien mouillée. D'abord, soustraction du courant d'air, point essentiel ; destruction de l'élasticité de l'air par l'ignition du soufre ; et sans élasticité dans l'air la flamme ne peut subsister. Si on présume que le brasier de l'âtre est encore trop ardent, quelques poignées de soufre jetées de nouveau ralentiront son activité. On dira peut-être que la cessation de l'incendie tient à la masse d'air fixe produite par le soufre ; je ne le crois pas ; mais que ce soit par une cause ou par une autre, peu importe, pourvu que l'opération réussisse. J'ai été deux fois dans des cas très-urgens de la mettre en pratique, et toujours avec le plus prompt succès. »

On trouve dans divers ouvrages l'historique et la théorie de ce fait ; mon but est seulement d'ajouter encore ici à sa publicité.

### *Nouvelle manière de faire tomber la suie.*

La trop grande quantité de suie peut gêner le passage de la fumée : il faut alors faire ramoner la cheminée ; mais veut-on une nouvelle manière

prompte et sûre de nettoyer les tuyaux de cheminée, et d'en faire tomber la suie, sans avoir
besoin de ramoner, employez le procédé suivant :

Broyez bien dans un mortier chaud, et mêlez
ensemble trois parties de *salpêtre*, deux parties
de *sel de tartre*, et une partie de *fleur de soufre*;
mettez-en sur une pelle de fer autant qu'il en
peut tenir sur un sou marqué; exposez la pelle
sur un feu clair, près le fond de la cheminée;
sitôt que le mélange commencera à bouillir, il
fulminera de manière que le seul mouvement su-
bit de l'air élastique contenu dans le tuyau de la
cheminée fera tomber, sans aucun dommage ni
danger, la suie aussi bien, et même mieux que
ne pourrait le faire un ramoneur.

Si ce premier essai ne suffisait pas pour nettoyer le tuyau aussi bien qu'on le desire, on peut
répéter l'opération.

*Appareil pour donner l'éveil partout où
le feu vient à se manifester dans une
maison.*

Cet appareil, imaginé par M. COLBERT, physicien à Londres, consiste en une certaine quantité de mercure qu'il renferme dans un tube, et
sur lequel il met un piston flottant, qui s'élève ou
s'abaisse au gré de ce fluide. A la partie supérieure

8

du tube est un levier qui est lié à la verge du piston, de telle manière que lorsque le levier est
soulevé, il fait jouer une espèce de cliquette,
dont le bruit sert à donner l'éveil dans la maison.
Cet appareil, renfermé dans un étui, se place
ordinairement dans un corridor, au sommet d'un
escalier. Si le feu se manifeste, la fumée, par sa
direction ascendante, va agir sur le mercure, et
fait monter le piston jusqu'au point où le ressort
met la cliquette en mouvement.

## Moyen de préserver les appartemens des effets de l'humidité.

On lit dans un journal anglais ( *The Philoso-
phical Magazine* ) un moyen simple et très-effi-
cace de prévenir les effets de l'humidité dans les
appartemens, et de se préserver de celle qui y
pénètre par les murs. Il consiste à couvrir le mur
entier, ou seulement la partie humide, avec des
feuilles de plomb laminé très-minces. Pour fixer
les feuilles au mur, on se sert de petits clous de
cuivre qui, n'étant pas sujets à se rouiller, durent
long-temps. Le papier de tenture peut être immédiatement collé sur le plomb.

Le plomb n'est pas plus épais que celui qu'on
emploie pour doubler les boîtes à thé; on le fabrique en feuilles de la largeur de celles du papier
ordinaire de tenture. MM. Hutchinson et compagnie, dans leur belle et importante manufac-

turé, située à Patsley-Bridge, en York-Shire,
en ont fabriqué plusieurs échantillons qui ne pesaient que 8 onces le pied carré; ils en ont même
fabriqué qui ne pesaient que 4 onces, sans être
le moins du monde perméables à l'eau.

On porte ainsi remède simplement et à peu de
frais, à un mal non-seulement fort incommode,
mais qui est très-préjudiciable à la santé. On ne
saurait trop faire pour se préserver de cette humidité, qui est souvent la cause de maladies graves.

*Des effets du chaud et du froid, et de ce
qu'il faut savoir pour conserver ou rétablir sa santé, corriger au besoin son tempérament, guérir ou prévenir certaines
maladies, etc.*

Encore qu'il ne paraisse y avoir aucune ana-
logie entre l'économie sur les combustibles et la
santé, cependant le froid et le chaud produisent
un résultat tellement différent sur nos affections
en général, que nous avons cru nous rendre utile
à nos lecteurs en entrant dans des digressions
qui, pour paraître déplacées dans cet Ouvrage,
ne leur en seront probablement pas moins nécessaires. Ainsi nous disons :

En affaiblissant nos organes digestifs sous les
climats ardens, par l'appel des forces vitales à
l'extérieur du corps, la température chaude des
tropiques rend leurs peuples sobres et frugivores.

Si les peuples des climats chauds vivaient de chair seule, ils périraient bientôt surchargés de pléthore, d'indigestion, de cruelles dyssenteries ou de fièvres adynamiques, comme il arrive à la plupart des européens qui veulent conserver leur régime trop fortifiant dans les Indes ou sous les tropiques. Au contraire, les nourritures frugales et pythagoriciennes, dans ces heureuses contrées où la chaleur soutient la force vitale, suffisent à la faiblesse naturelle de ces peuples. Cependant, comme le continuel usage des simples végétaux sous une température chaude et souvent humide, débilite trop les forces vitales, abat la faculté digestive des viscères, les peuples des tropiques ont besoin de condimens aromatiques, commandés même par l'instinct, et la nature les multiplie dans leurs climats : c'est pour cela qu'ils font un usage perpétuel, dans tous leurs mets, de poivre, girofle, canelle, piment, curcuma, gingembre, safran, etc., et d'une foule de substances âcres et poignantes qui déchireraient nos entrailles si nous en prenions en pareille quantité, mais qui titillent à peine leurs organes blasés et flétris.

On observe au contraire que les régions rigoureuses ou glaciales exigent, pour leurs habitans, des alimens animaux bien plus que les contrées chaudes. Le froid dévore la vie, car il devient un sédatif très-puissant lorsqu'il est porté à un haut

degré : il faut donc recourir alors à une nourriture forte et substantielle.

A l'égard des *boissons* et d'autres substances
agissant sur notre économie, on remarque que
les excitans les plus énergiques sont employés
par les peuples des pays froids, tandis que des
stupéfians sont principalement usités sous les
climats brûlans des tropiques.

Dans les climats chauds, au contraire, l'usage
même des boissons spiritueuses, telle que le vin,
est pernicieux : il exalte trop le système nerveux,
déjà rendu si mobile par l'excitation de la chaleur du climat.

La quantité de *boisson* à prendre pendant le repas doit être en proportion d'autant plus grande
ou moindre, que les alimens eux-mêmes sont plus
secs ou plus humides ; qu'ils se laissent plus ou
moins aisément pénétrer par les liquides salivaires et gastriques ; qu'ils forment, par leur vis-
cosité, une masse plus ou moins tenace ; qu'ils
ont plus ou moins la propriété de distendre l'estomac et d'y séjourner un certain temps.

Les boissons doivent aussi être prises en quantité plus ou moins grande, suivant les constitutions individuelles, qui, en raison de leur degré
de sécheresse ou d'humidité, présentent des dif-
férences très-grandes relativement à la quantité
et au degré de liquidité des sucs salivaires et gastriques. Les personnes sèches et bilieuses, dont

les organes sont très-irritables, et dont la chaleur propre est plus ardente, dont les évacuations intestinales sont plus habituellement dures et sèches, qui sont ordinairement constipées, ont besoin d'une plus grande quantité de liquides aqueux et frais.

La proportion des boissons aux alimens doit enfin varier selon l'influence des saisons et de l'état de l'atmosphère.

On peut cependant poser en principe, 1.° qu'une quantité de boisson qui excède trop la mesure des besoins naturels, énerve les digestions et favorise les altérations spontanées des alimens qui séjournent dans l'estomac, surtout quand ce viscère a peu d'activité; 2.° qu'une quantité de boisson insuffisante prolonge le séjour des alimens dans la cavité gastrique, et entretient le sentiment de plénitude qui en est la suite. Mais il faut surtout, à cet égard, se mettre en garde contre l'habitude, qui outrepasse plus souvent la mesure qu'elle ne reste en-deça; connaître, par son expérience, quelle quantité de liquide est la plus favorable; savoir que la soif que donne l'usage des substances sèches, en épuisant sur-le-champ les organes salivaires, n'est souvent que momentanée, et se dissipe en peu d'instans par le renouvellement de la salive. Ces observations sont importantes pour ceux dont les digestions sont lentes, imparfaites; pour ceux qui sont sujets aux aigreurs, et chez qui les fonctions de l'estomac sont aisément troublées par la superfluité des liquides.

Les boissons toniques, stimulantes, prises soit avant, soit à la fin des repas, telles que les vins très-alcooliques, les vins amers, les liqueurs spiritueuses, les alcools aromatisés et le café préparés par la sensualité, les aromates exotiques, et tout ce qu'on désigne par l'expression d'*échauffans*, excitent les forces de l'organisation au moment de la digestion, et par-là peuvent concourir à l'accélérer et en assurer le succès. Ici les avantages sont balancés par les inconvéniens, et les prescriptions sages du régime deviennent plus nécessaires : c'est dans l'usage de ces moyens qu'il faut consulter et les circonstances et la constitution spéciale des individus qui en usent, et ne pas passer les limites d'une utilité réelle. Ces boissons sont utiles aux estomacs qui, par leur faiblesse, seraient en disproportion avec une alimentation modérée, quelle que soit la cause de cette faiblesse. Elles deviennent encore utiles en proportion d'une alimentation forte, et qui, sans ce secours, occuperait trop, épuiserait ou surpasserait les forces digestives. Il est aussi des climats où elles deviennent nécessaires ; mais c'est un mal que de s'exposer à en faire naître le besoin, et, quel que soit leur avantage, il est toujours lié aux inconvéniens d'un véritable état fébrile ; et leur usage, utile dans le moment du besoin, lorsqu'il est trop long-temps continué, qu'il est devenu habituel, amène enfin à la longue un état d'affaiblissement et d'inactivité. Cette faiblesse consécutive est le résultat nécessaire, soit de la surcharge habituelle de l'estomac qui oblige d'avoir recours à ces moyens excitans, soit de l'habitude contractée de leur usage, habitude qui finit par rendre indispensable l'excitation qu'ils produisent, et hors de laquelle les forces digestives cesseraient de se développer sans leurs secours.

Nous ne croyons pas qu'on parvienne jamais à substituer parmi nous l'usage du *thé* à celui du vin. Il suffit de voir avec quelle noble indignation et quel généreux dédain nos paysans bourguignons repoussent même l'usage de la bière, pour se convaincre que jamais l'on ne fera de nous des chinois buveurs d'eau chaude. Jamais on ne persuadera d'arracher nos vignes pour semer de la véronique ou du thé suisse ( *falltranck* ), ou pour planter du *thea bohea*...... Il est vrai que les chinoises au petit pied sont sujettes, par l'effet de cette boisson, aux fleurs blanches et aux maux d'estomac, comme les anglaises et les hollandaises qui se délectent de cette précieuse infusion. Il est vrai que le thé leur donne un teint un peu livide et verdâtre ou plombé, qu'il les rend mollasses,

languissantes, et fane leurs appas avant la vieillesse, qu'il noircit et fait tomber les dents.....

On comprend qu'un pesant hollandais, gonflé
de laitage, de beurre et de fromage, abreuvé de
bière, sous un ciel humide et brumeux, dans un
air épais et sombre, sur un sol bas et maréca-
geux; on conçoit, dis-je, que, n'ayant que des
eaux croupies et malsaines à boire, il tombe dans
la cachexie, la leucophlegmatie, surtout avec une
constitution flasque, lymphatique, un teint fade
et blond : alors il a besoin de substances toniques,
âcres, stimulantes, qui raffermissent son organisation, qui donnent plus de mouvement, de nerf
et de vie à cette chair molle, à ces membres lents
qu'il traîne avec tant de lourdeur.

Il est certain que la chaleur vitale et la con-
tractilité musculaire sont très-diminuées par ces
boissons débilitantes. Lorsqu'on veut faire beaucoup grossir les porcs, on leur distribue abondamment de l'eau de son et de recoupe chaude;
ils s'en gorgent, deviennent très-indolens; tout
leur tissu cellulaire graisseux sous-cutané s'infiltre
de liquides diffluens, et ces animaux paraissent
très-gras, bien qu'ils ne soient bouffis que d'une
graisse molle qui est plutôt une sorte d'anasarque.

Les boissons chaudes délassent, mais c'est en
relâchant les fibres, tout comme le font les bains
chauds. Ainsi, les hommes de peine ont besoin

de soupe chaude et de bouillon, qui, en les nour-
rissant, les détendent et les humectent après leurs
travaux violens; mais il est certain qu'ils ont
moins de forces en ce moment. Les cochinchi-
nois, dit LOUREIRO, voulant se rafraîchir, avalent
une grande quantité de leur thé bien chaud;
alors ils suent abondamment, et se trouvent ensuite bien rafraîchis : c'est que toutes leurs fibres
sont affaissées par cette diaphorèse universelle;
leur pouls est très-ralenti, de même que la respiration. Toutes les fonctions, relâchées, tombent
dans l'inertie, et il n'est pas étonnant que cette
indolence de la vie soit suivie d'un refroidis-
sement général. Ces moyens, les bains chauds
et les boissons chaudes, font vieillir de bonne
heure; aussi la vieillesse n'est refroidie qu'à
cause d'un affaiblissement des facultés vitales,
analogue à celui que causent les abus des boissons
chaudes aqueuses et des bains chauds......

Si vous rencontrez des personnes qui ne se
sustentent qu'avec des *légumes aqueux*, des *alimens mucilagineux*, elles auront des organes mous,
relâchés, sans énergie, un sang fluide; vous les
trouverez prédisposées aux maladies muqueuses,
atoniques, cachectiques..... Celui qui prendra
des *mets épicés*, des matières alimentaires chargées d'arôme, de parties volatiles, etc., sentira
bientôt la circulation s'accélérer; le pouls deviendra vif et fréquent, la respiration plus grande;

la chaleur animale se développera davantage ; en un mot, il éprouvera une excitation bien marquée. Si pour un autre repas il ne prend que des alimens mucilagineux ou farineux, sans aucune addition, il verra, par l'absence des symptômes qu'avait produits la première nourriture, et par d'autres effets d'un caractère opposé qui se montreront à leur place, que ces deux sortes de nourriture ont sur le corps vivant une influence bien vraie, mais très-différente dans sa nature. Combien cette action directe de la nourriture sur les organes n'est-elle pas sensible sur ceux qui se soumettent à la diète lactée ! Le *lait* semble tout d'abord faire sur le système animal une impression sédative ; il ralentit manifestement les mouvemens de tous les appareils organiques. La diète mucilagineuse produit dans toute la machine vivante une débilité profonde.

Le *sucre* est d'une digestion très-facile ; sous l'action des forces digestives, toute sa substance semble se réduire en chyle, et il ne fournit presque pas de résidu excrémentiel : ceux qui s'en nourrissent éprouvent bientôt des changemens organiques qui dépendent de la dose considérable des principes nourriciers que reçoit la machine vivante, et de l'activité que prend l'assimilation dans le sang et dans les tissus vivans. Le pouls plein, la nature concrescible du sang, la coloration plus vive de la peau, sont des effets qui attestent combien la nutrition est active dans le fluide sanguin. L'énergie, la vigueur des mouvemens de tous les organes, prouve en même temps que leur matériel est bien restauré. Le caractère éminemment nutritif du sucre indique assez qu'il est contraire à toutes les affections où il y a excès de vigueur, et un trop grand développement de forces vitales. Le sucre est un aliment propre pour les enfans, pour les vieillards, pour les convalescens, pour les personnes faibles.

L'emploi d'une *nourriture huileuse* enlève à l'appareil circulatoire son énergie et rend le pouls mou, lent et faible. Dans les maisons religieuses où l'on employait beaucoup de beurre et d'huile, les hernies complètes ou incomplètes étaient très-communes. ZIMMERMANN a même remarqué que plusieurs de ceux qui suivent ce régime étaient sujets à pisser au lit pendant qu'ils dormaient ; accident que ce médecin attribue au grand relâchement que les substances huileuses produisent dans tous les tissus vivans.

Le *lait* est un remède singulièrement efficace dans les maladies chroniques avec maigreur, une irritabilité extrême, un pouls vif et fréquent, une chaleur fébrile, etc. Le lait, par sa puissance relâchante, corrige la tension des fibres, relentit les mouvemens trop précipités, diminue les excrétions trop abondantes, change enfin la disposition

intime du corps. Combien la diète lactée n'a-t-elle
pas reçu d'éloges pour la guérison des affections
de poitrine qui menaçaient de la phtysie , des hé-
moptysies périodiques , des consomptions , des
dartres et autres affections cutanées, des dou-
leurs vénériennes , des irritations des voies uri-
naires , etc. ! Dirons-nous que cette liqueur ali-
mentaire doit être proscrite dans les affections
chroniques, lorsque le corps malade a une complexion lâche, humide, cachectique ? L'emploi
du lait dans cette circonstance augmenterait le
relâchement des fibres vivantes , l'atonie des organes, aggraverait tous les accidens morbifiques.

Un usage prudent des alimens associés à un
agent *tonique* procure de grands succès dans les
affections chroniques des membranes muqueuses, la toux humide, la diarrhée ancienne,
la leucorrhée ( fleurs blanches ), etc. La plupart
des médicamens vantés contre ces maladies sont
amers; on les administre à petites doses. et au
moment des repas. La diète tonique jouit en effet
d'une efficacité bien constatée contre les affections scorbutiques et scrophuleuses ( les écrouel-
les ), une complexion froide et lymphatique ,
contre les hydropisies commençantes, etc. Ro-
MAZZINI a vu des laboureurs se guérir de la fièvre
quarte au milieu de l'hiver, en mangeant des
ognons, de l'ail, en buvant du bon vin.

La diète excitante jouit d'un grand crédit dans

le traitement des affections scrophuleuses, scorbutiques, du rachitis, de l'anasarque qui tient à
l'inertie du système absorbant, des engorgemens
atoniques, etc. On s'en sert aussi avec avantage
dans certains cas de stérilité dans les femmes et
d'impuissance dans les hommes; dans les con-
valescences des maladies aiguës; dans toutes les affections chroniques où il y a relâchement de la
fibre, débilité des organes, langueur dans les actes
de la vie, etc. Il est même vrai de dire que toutes
les méthodes que l'on conseille pour la guérison
de cette grande série de maladies, ont toujours
pour base une diète excitante; mais alors on
choisit des substances alimentaires qui soient
très-chargées de sucs nourriciers. En effet, pour
corriger l'altération morbifique qui existe alors
dans les fluides et dans les solides du corps, rien
ne convient mieux que de donner des alimens
substantiels, et de provoquer une médication
excitante pendant que les principes nourriciers
aborderont à toutes les parties vivantes. Un mode
de nutrition plus actif changera bientôt la complexion entière du sang et des organes, et produira une transmutation qui dissipera les accidens
morbifiques.

Les *vins* généreux, pris purs ou peu mélangés
d'eau, sont bons pour ceux dont la digestion est
lente, l'estomac chargé de glaires, et qui sont aisément incommodés par l'abondance des boissons.

Les vins de cabaret, qui sont souvent des mé-
langes de vins aigres avec de l'eau-de-vie et des
vins très-chargés de matière colorante, produisent
le double effet d'enivrer promptement et de
causer des indigestions.

Les *liqueurs alcooliques*, quelle qu'en soit l'espèce, prises en très-petite quantité, et de manière à agir exclusivement sur la muqueuse de la
bouche et sur les organes salivaires, sollicitent une
excrétion modérée de salive, donnent à ces organes
un ton dont l'effet est de faire cesser le sentiment
de la soif, et peuvent ainsi convenir toutes les
fois qu'il y aurait quelque inconvénient à porter
à-la-fois dans les voies digestives une grande
quantité de liquide : à très-petites doses, elles ont
aussi l'avantage de modérer la sueur dans les
climats très-chauds. Dans les voyages ou autres
circonstances où l'on est privé d'alimens pendant
un temps plus ou moins long, un peu d'eau-de-
vie, soit pure, soit étendue d'eau, calme très-bien
les tourmens de la faim : mais dans l'habitude
ordinaire de la vie, on doit être extrêmement
réservé sur l'usage de ces liqueurs. Pendant les
repas, elles ne conviennent que comme assai-
sonnement aux constitutions humides et chargées
de glaires, surtout dans certaines contrées sep-
tentrionales, où l'on fait peu usage du vin à cause
de sa rareté; prises alors en petite quantité, elles
favorisent et accélèrent la digestion, et excitent

en même temps toute l'économie ; à grandes doses, elles détermineraient une ivresse durable et de grands désordres dans la digestion.

L'usage journalier des *amers* nuit à l'accumulation de la graisse, empêche de prendre de l'embonpoint : un certain degré de relâchement dans la fibre est une condition favorable à l'engraissement; or, les toniques déterminent une disposition opposée.

Chez les jeunes filles d'une complexion molle, d'une pâleur profonde, d'une grande faiblesse, l'action des toniques établit souvent l'éruption des règles.

Les *toniques* sont regardés comme de puissans anti-scorbutiques. Le quinquina, la gentiane, le houblon, le chardon bénit sont conseillés par les auteurs comme des secours d'une grande efficacité dans le scorbut.

Les toniques ont une grande réputation comme remèdes vermifuges ou anthelmentiques : l'action corroborante qu'ils exercent sur le système digestif corrige la disposition muqueuse qui est si favorable au développement des vers; de plus, quelques substances amères paraissent faire périr ces animaux en agissant directement sur eux; il semble que ces substances soient vénéneuses pour les vers.

En *été*, les forces vitales sont attirées à la circonférence du corps ; les viscères intérieurs sont plus débilités qu'en hiver ; de là vient qu'on digère moins bien, surtout la chair ou les corps gras ; et il semble qu'une providence spéciale nous offre aussi dans ce temps les fruits acidules et rafraîchissans les plus délicieux, les légumes les plus succulens : par la même raison, les boissons glacées, pourvu qu'elles ne soient pas prises lorsque le corps est trop échauffé, sont alors très-utiles pour fortifier le système viscéral. Les aromates mêlés aux alimens, produisent le même effet sous les climats des tropiques, où l'on en fait un si grand usage.

La femme, déjà humide de sa nature, est encore plus refroidie en *hiver ;* tandis qu'elle est ramenée à sa plus grande vigueur par l'été.

En hiver, le froid refoule tout au dedans ; la transpiration s'opère peu, les humeurs s'accumulent ; il n'y a guère d'autres voies d'excrétion que par les crachats, les urines ou les selles. En hiver, les liquides surabondent dans le corps, et par cette pléthore, le mouvement fébrile devient plus ardent et plus fort.

L'hiver, convenable à certains tempéramens, nuit beaucoup aux tempéramens contraires ; ainsi les hommes de constitution sèche et chaude, dit GALIEN, se portent bien en hiver, température froide et humide qui les rapporte au *medium* de la santé. L'inverse a lieu en *été*, c'est-à-dire que les complexions lymphatiques et froides se trou-

8*

vent mieux de cette saison chaude et sèche. Un vieillard froid, catarrheux, se trouvera donc incommodé de l'hiver, et plus sain en été; un jeune homme sec et bilieux pourra tomber malade en cette chaude et aride saison ; tandis qu'un hiver pluvieux, un temps froid détendront la rigueur de sa constitution.

De même les alimens doivent être appropriés à la saison. Si dans l'été on fait usage, avec plaisir et salubrité, de fruits rafraîchissans, humectans, acidules : cerises, groseilles, melons, etc., ou de légumes frais, qui tempèrent la bile; en hiver, il faudra recourir, au contraire, à des alimens plus substantiels, salés, épicés, ou moins aqueux, moins délayans, pour contre-balancer l'influence débilitante de la température. Il en est de même des boissons, qui doivent être propres à rafraîchir en été, et au contraire à corroborer en hiver par des qualités toniques, spiritueuses, etc.

L'hiver est extrêmement contraire aux individus lymphatiques, inertes, catarrheux.

Les salaisons âcres raniment les viscères flasques du hollandais ; la fumée du tabac dégorge les glandes salivaires, et décharge le tissu cellulaire d'une grande abondance de pituite chez les habitans du Nord.

Un *œil* ouvert et serein est le présage de la candeur de l'âme; un regard vif et pénétrant décèle l'éclat et le feu de l'esprit. On lit dans les yeux l'assurance ou la crainte, le plaisir ou la peine, la confiance, la honte, etc. , en des traits plus frappans que sur toute autre partie de la figure.

C'est cependant par elle qu'on juge principalement du tempérament de chaque individu. Voyez ce visage creux et alongé, ce teint hâve et livide, ces joues décharnées, ces yeux enfoncés et ombragés d'épais sourcils, ce regard sombre, cette mine voilée et sévère, ce front sillonné de rides soucieuses, ces cheveux plats et tombans; chacun y reconnaît d'abord le triste *mélancolique*. Mais voyez près de lui cette face épanouie et joviale sur laquelle se déploient le contentement et la gaîté; à son teint fleuri qui brille de l'éclat du printemps et de la vie, à ces joues pleines et colorées, à ces regards qui invitent au plaisir, à ces cheveux blonds et mollement bouclés, vous reconnaîtrez l'heureux tempérament *sanguin*. Plus loin, une grosse et lourde figure, à joues flasques et pendantes, à teint fade et blanchâtre, avec de pesantes mâchoires, un œil morne, un regard indifférent, des cheveux longs et mous, semble porter écrite sur son front l'apathie du tempérament *lymphatique* ou *pituiteux*. Qu'il diffère de cette figure à l'œil audacieux et étincelant, au front intrépide, à traits mâles et tendus, à barbe brune et touffue, à cheveux crêpus, au teint bruni, à l'air entreprenant! vous remarquerez sans peine l'ardente complexion du *bilieux*.

Le sang qui pénètre et circule dans les capillaires de la face lui communique ces teintes rouges, plus ou moins foncées, qui la colorent habituellement. Plus il est rouge et abondant, plus la couleur de la face est vive et animée. Ces circonstances suivent le développement des forces vitales, et peuvent quelquefois en marquer les degrés. La vie est d'autant plus prononcée dans les organes, que le sang les pénètre en plus grande quantité. L'afflux du sang et l'activité de la circulation correspondent toujours, dans les inflammations, au développement de la sensibilité et de la chaleur. Dans l'état habituel, une *couleur* vive de toute la face annonce le bon état des forces et la plénitude de la santé; elle se rencontre ordinairement avec une poitrine large et le développement des organes pulmonaires. La jeunesse est l'âge de la vigueur : alors prédomine le sang artériel, et la face se pare des couleurs les plus brillantes.

Un *teint* blême est presque toujours l'indice d'une santé faible. La vie sédentaire, l'habitation dans un lieu abrité et humide, ont la même influence sur la face, qu'elles décolorent, et sur les forces qu'elles affaiblissent. Les excès d'étude, de veille, de fatigue, la crainte, la tristesse, etc., épuisent les forces, et déterminent la pâleur de la face.

La *pâleur* bornée à un certain degré, paraît,

chez quelques individus, être la coloration naturelle de leur peau ; cependant il est facile de s'a-
percevoir que cette coloration habituelle n'appar-
tient qu'aux personnes d'un tempérament faible,
lymphatique, et dépourvues de l'énergie vitale
que caractérise ordinairement la teinte plus ou
moins colorée de l'extérieur du corps. La pâleur
se remarque aussi sur l'habitude du corps des individus qui, condamnés par leur état, ou par
toute autre circonstance, à vivre dans des lieux
obscurs, renfermés et humides, contractent ainsi
une sorte d'étiolement analogue à celui qu'éprouvent les plantes privées du contact de l'air et de
la lumière. Chez tous les individus des deux
classes dont nous venons de parler, si l'on cherche la cause matérielle de la couleur blanche habituelle de leur peau, on la trouvera dans un défaut soit de quantité, soit de composition de leur
sang ; ce fluide, chez les personnes faibles ou
cacochymes, se trouvant privé d'une partie de la
matière colorante qui entre dans sa composition.

On doit considérer la chlorose (*pâles-couleurs*)
comme une fièvre hectique-gastrique, c'est-à-dire
que le mouvement fébrile est produit par l'état
de débilité qu'a occasioné le dérangement des digestions. HOFFMANN me paraît le premier qui ait
bien saisi ce point de doctrine. Il a connu, et il
s'est efforcé de prouver que, dans toutes les circonstances, le dérangement des digestions est la

vraie cause qui donne lieu à la décoloration de la peau particulière à cette maladie.

La méthode curative, sanctionnée par l'expérience, prouve que l'adynamie des organes digestifs qui est la cause de la suppression des règles, est aussi la cause première de la chlorose; les remèdes toniques et fortifians en font toujours la base, et remédient en même temps à la chlorose et au défaut de menstruation, parce qu'ils sont deux effets produits par une même disposition de l'économie. L'état d'atonie du système produit d'abord le défaut d'évacuation périodique; et, à mesure qu'il devient plus intense, il développe cette décoloration qui constitue la chlorose.

Parmi les remèdes propres à rétablir le ton du système, ce qui, comme je viens de le dire, constitue la première indication et la plus importante dans la chlorose, les martiaux, tels que la limaille de fer avec le vin blanc, que l'on donne à la dose de trois ou quatre onces, ou bien les eaux minérales ferrugineuses de Vichi, de Spa, de Plombières, etc., tiennent le premier rang. On emploie aussi, avec beaucoup d'avantage, les vins de quinquina, de petite centaurée, d'absinthe, etc. Le tan de l'écorce de chêne ou de maronnier d'Inde infusé dans du vin, ou que l'on fait bouillir dans de l'eau, paraît aussi avoir produit de bons effets. On peut conseiller aux

femmes chlorotiques de déjeûner avec du cho-
colat ferré.

Les boissons que l'on conseille aux filles chlorotiques doivent être stimulantes, telles que les
infusions de mélisse, d'hysope, etc. Ce n'est pas
en atténuant, en incisant les humeurs, ainsi que
le pense le vulgaire, que ces médicamens agissent,
mais en excitant les propriétés vitales.

On doit souvent commencer le traitement de
la chlorose par le vomitif. En effet, cette maladie étant toujours accompagnée du dérangement des digestions et d'un embarras gastrique,
on conçoit que le vomissement peut devenir indispensable pour remédier à cette complication.
En débarrassant l'estomac des mucosités qui le
tapissent, il dispose cet organe à éprouver l'effet
des médicamens toniques que l'on doit admi-
nistrer.

On ne saurait trop rappeler que les filles chlorotiques ont besoin d'être fortifiées avant de se
livrer aux plaisirs de l'hymen, qui ne manque-
raient pas de les épuiser. C'est aussi dans ce cas
que l'on peut employer avec succès les infusions
de safran, les décoctions d'armoise ou son sirop,
ou bien chez de jeunes filles phlegmatiques, dont
la fibre molle et sans action a besoin d'être sti-
mulée.

Dans les *régions froides*, les hommes paraissent
plus long-temps jeunes, parce que la végétation

animale y est plus lente, ainsi que la puberté : c'est tout le contraire sous les climats chauds, où les fonctions de la vie sont accélérées rapidement; aussi la vieillesse y est précoce et longue, comme la jeunesse se conserve jusqu'à une époque avancée chez les peuples des contrées froides.

Tous les peuples vivant sur un terrain plat et bas, comme les habitans de la Touraine, de la Champagne et de la Flandre, ont non-seulement le caractère plus simple et plus doux, mais encore des formes plus arrondies et moins marquées que les montagnards. Un sol aride, ou seulement la chaleur sèche de l'air, imprime aux gascons, aux languedociens, aux provençaux une vivacité et une gaîté inconnues dans le nord de l'Europe. Ces qualités se décèlent aussi bien dans les traits du visage que dans le maintien de la personne. Les lieux élevés et secs, exposés au vent et au froid, rendent les corps allègres et velus, le naturel inconstant, actif, l'esprit vif et entreprenant. Dans les contrées dont les qualités sont opposées, les habitans prennent une physionomie empâtée, avec de grosses chairs flasques, humides, des traits émoussés et un caractère analogue.

L'homme mâle, bien constitué, sera d'une contexture compacte, sèche, musculeuse; il aura les épaules larges, le ventre rentrant, le corps carré, brun, velu; ses traits seront fortement prononcés, et ses yeux pleins de feu; son regard sera fier, sa voix grave, sa démarche ferme; il aura des mouvemens assurés et vigoureux.

La femme est formée d'un tissu plus délicat, plus spongieux ou plus mou; ses contours sont moëlleux, ses membres élégamment arrondis; elle a le cou plus grêle, la poitrine moins développée, mais potelée; ses hanches sont plus larges; elle montre une peau lisse et douce, un regard timide, une voix tendre en rapport avec son teint blanc; sa démarche est souple et légère, son maintien plein de grâces.

Dans l'homme, on observe un pouls dur et fort, une disposition inflammatoire, un naturel chaud, magnanime et amoureux; mais il y a plus de faiblesse, de froideur et de timidité dans la femme.

Les complexions bilieuses et lymphatiques sont également opposées entre elles; car le bilieux, comme le feu, aspire toujours à s'élever; le lymphatique tend, ainsi que l'eau, à retomber sans cesse. Toujours tendu, sec, fibreux, le bilieux a le teint foncé, olivâtre, tirant sur le jaune, ou une couleur brune; sa taille est maigre, forte, dégagée; sa peau dure et velue; ses mouvemens sont brusques, ardens ou convulsifs; son naturel est impétueux; sa voix âpre et résonnante : il boit peu, mange vite et beaucoup; ses yeux sont noirs, pleins de feu; sa chevelure est courte, foncée,

9

et frise naturellement; ses traits sont fortement dessinés; son pouls est vif et précipité.

Le lymphatique, au contraire, est doué d'une complexion molle, spongieuse et flasque; son teint est d'un blanc mat ou fade; sa taille épaisse et massive; il a les traits empâtés, des cheveux blonds alongés, tombans; des yeux gris; une peau grasse et presque sans poils; une voix basse et sourde : tous ses mouvemens marquent la nonchalance et la pesanteur; car sa complexion est froide, humide, et son pouls lent; il mange lentement et boit beaucoup.

Partout le bilieux veut dominer; partout il heurte de front ce qui lui fait obstacle; violent et emporté, querelleur et audacieux, il se confie dans ses forces, est intrépide dans les périls; on le voit fréquemment en colère. Au reste, fier, altier, impatient, il se montre magnifique, généreux, souverainement ambitieux de tous les honneurs et de la louange; ennemi du repos, il défend vigoureusement ses droits ou ceux de la justice. Mais rien de plus mou, de plus apathique, de plus insouciant que le lymphatique dans son phlegme imperturbable; il se résigne humblement et même bassement aux plus insultantes vexations; dominé par tout le monde, rien ne stimule, ne tend les ressorts de son courage. Il est fort peureux, et patient dans les maux, de crainte de pis; économe, ennemi de tout changement, sans desir d'honneur ou de louange ; mais il s'attache à un gain sordide, et ne connaît pas d'autre bien plus sûr que la matière. Cependant le phlegmatique est simple, débonnaire, tout pacifique, et suit la routine du sens commun ; tandis que le bilieux, plus méchant, plus adroit et plus turbulent, poursuit sans relâche ses desseins de tout asservir ou réformer à son gré. L'un n'a ni pénétration ni dextérité dans les affaires : il vit content du présent, et tranquille dans son obscurité ; l'autre, industrieux et remuant, s'entremêle des affaires les plus épineuses ; il aspire toujours à de nouvelles entreprises, à de plus grandes occasions de se signaler. Accoutumé aux vives secousses que sa fibre tendue et vibrante éprouve si facilement, le défaut de succès ne le rebute pas ; il hasarde le tout pour le tout : il ne refuse jamais le travail, et aspire toujours après l'avenir ; mais le pituiteux, ayant la fibre détendue, se rebute aisément, et craint de hasarder ; il aime par-dessus tout sa sûreté et son repos ; toute idée de travail lui pèse horriblement ; il croupit de préférence dans l'apathie et la malpropreté. Autant le bilieux est ingénieux et instruit, autant le lymphatique est sot et ignorant ; quoique sans imagination et presque sans mémoire, son jugement est cependant droit, sain, raisonnable, parce qu'il se passionne peu ; tandis que le bilieux, emporté par une imagination ardente, s'égare quelquefois; son jugement trop précipité, son esprit vif et querelleur peuvent le pousser dans les extrêmes. Il est souvent fataliste ou chef de secte et hérésiarque, tandis que le phlegmatique deviendra crédule, superstitieux et bigot.

Comme les humeurs sont plus abondantes sous un ciel froid, elles délaient davantage les parties du corps, et diminuent leur coloration ; aussi les habitans y sont généralement blonds, avec des yeux gris et une peau blanche ; mais dans les pays méridionaux, où la sécheresse domine, les cheveux et les yeux sont presque toujours noirs, et la teinte de la peau est brune. En général, tous les corps qui se dessèchent prennent des nuances plus foncées, parce que leurs parties se rapprochent et se resserrent. Les corps spongieux et gonflés d'humidité, comme ceux des enfans, ont des yeux gris, des teintes lavées, blanchâtres, des cheveux d'un blond pâle, qui prennent une nuance plus brune à mesure qu'ils avancent vers l'âge adulte ; mais lorsque le corps redevient mou et humide dans la vieillesse, les yeux se déteignent, les cheveux grisonnent et blanchissent. Les couleurs foncées et brunes annoncent que les parties du corps sont compactes et fermes ; elles désignent un tempérament solide, plein d'énergie, bilieux, chaud et même violent ; aussi ses fibres sont tendues et sèches, ses traits vigoureusement dessinés et saillans. Au contraire,

les teintes fades , blanches, annoncent une sura-
bondance d'humidité dans les corps ; les fibres
sont molles, les traits empâtés , la chair flasque ;
de là vient que le tempérament est froid, pituï-
teux, sans activité, sans vigueur, aussi faible que
timide.

Les individus extrêmement gras deviennent
insensibles , dormeurs , lents et presque im—
mobiles.

De grosses joues pendantes et flasques, avec un
triple menton, décèlent la complexion lymphatique, lente, engourdie, peu capable de fortes
pensées, ou d'actions hardies et vigoureuses.

Une *barbe* noire et épaisse marque la force et
la violence, comme une blonde et rare marque
la faiblesse et l'effémination. Une barbe rousse
donne un aspect cruel ; et les hommes à cheveux
roux, avec des éphélides ou taches de rousseur
sur la peau, passent pour avoir quelquefois un
méchant naturel : ils sont bilieux la plupart.

Des *cheveux* fins et soyeux, souples, sont la
marque d'un tempérament délicat et sensible ;
s'ils sont rudes et grossiers comme des crins , ils
témoignent la rudesse brutale de la complexion.
Ceux qui sont naturellement bouclés annoncent
un tempérament sanguin modérément chaud ;
s'ils sont frisés, crépus, une humeur bilieuse,
impétueuse ; s'ils sont droits, ou plats et raides,
un caractère mélancolique, constant ; s'ils sont

très-alongés, flexibles ou mous, une constitution lymphatique, indolente.

## Inconvéniens des Chaufferettes, et des moyens d'y remédier.

Les femmes, en général, sont dans l'habitude de mettre sous leurs pieds, pour les tenir chauds, de petits instrumens auxquels on a donné le nom de *chaufferettes*. Il n'était guère possible d'imaginer de moyen plus simple pour remplir cette intention ; mais malheureusement il est on ne peut pas plus malsain ; et les gens de l'art avouent que nombre de maladies des femmes n'ont pas d'autres causes. En effet, quand on réfléchit sur la nature des vapeurs du charbon, de la braise ou du poussier dont on remplit ordinairement les chaufferettes, on ne peut qu'être étonné qu'une femme qui, pendant des heures entières, sans changer de place, se tient sur ce genre de chauffage, hermétiquement enfermé sous ses jupons, n'en soit pas constamment incommodée, et d'une manière plus ou moins marquée ; aussi sommes-nous persuadés qu'on ne connaît pas encore toutes les maladies auxquelles il peut donner lieu, ou qu'il entretient, ou qu'il aggrave. Ce dont on ne doute pas, c'est que les maux de tête, la migraine, l'irrégularité ou la suppression des règles, les pâles-couleurs, les fleurs-blanches, les

vapeurs, etc., maladies si fréquentes, si opi-
niâtres et si désespérantes, ont le plus souvent
leur source dans l'usage des chaufferettes. Qu'on
observe ce qui doit se passer chez une femme
qui a une chaufferette. Les émanations du feu,
qui tendent toujours à s'élever, se dirigent, à la
faveur des vêtemens, sur toute la surface du
corps jusques vers la tête ; et cet effet est souvent si prompt, que des femmes qui sont habi-
tuées à ce genre de chauffage ont un mal de
tête même avant que d'avoir chaud aux pieds.
Cet effet, pour n'être pas toujours si évident,
n'en est pas moins constant. De plus, ces émanations du feu sans cesse appliquées sur la peau,
la dessèchent et la racornissent ; de là la suppression de la transpiration et les maladies nom-
breuses qui en sont la suite, telles que les engorgemens, les obstructions, etc., et toutes les
maladies que nous venons de nommer.

Il serait donc à desirer que les femmes re-
nonçassent aux chaufferettes. Je sais qu'elles ne
manquent pas de raisons pour autoriser l'usage
qu'elles en ont contracté ; mais je sais aussi
qu'elles n'en donnent pas une seule bonne. Nous
n'employons, disent-elles, ni charbon, ni braise,
ni poussier qu'ils n'aient été bien allumés dans
l'âtre d'une cheminée ; souvent même nous n'u-
sons que de cendres chaudes ; il n'y a donc plus
rien à craindre. Erreur ; puisque ces substances

sont embrâsées, et qu'elles exhalent de la chaleur, c'est qu'elles contiennent encore des principes qui les constituent aliment du feu; or, ce
sont ces principes qui sont dangereux. D'ailleurs,
nous venons de faire voir que ce chauffage est
nuisible par la seule manière dont il répand sa
chaleur. Comment faut-il donc faire, demandent
les plus raisonnables? nos occupations tranquilles
et sédentaires ne nous permettent pas de nous
passer de feu. Sans doute ; aussi y a-t-il des
moyens de se chauffer autrement que par des
chaufferettes. Le premier, et le plus salutaire de
tous, serait d'être accoutumées dès l'enfance à
vous contenter du degré de chaleur de l'air d'une
chambre échauffée par le seul feu d'une cheminée : c'est à quoi l'on peut parvenir facilement
en se couvrant convenablement avec des habits
chauds. Le second moyen serait de travailler auprès d'une cheminée. Il y a nombre d'ouvrages
de femmes qui peuvent se faire à cette place; et
nous avons été plusieurs fois témoins que le besoin de voir plus clair n'était qu'un vrai prétexte
de s'en éloigner, tandis que l entêtement d'avoir
une chaufferette en était la seule cause. Enfin,
le troisième moyen, moins salutaire que les deux
autres, mais aussi moins nuisible en général que
les chaufferettes, serait d'échauffer, par le moyen
d'un poêle, la pièce dans laquelle on travaille.

Cependant, comme nous ne pouvons pas nous

flatter d'avoir converti les personnes auxquelles ces observations s'adressent particulièrement, et que probablement elles ne se serviront pas moins de chaufferettes par la suite, en voici dont les effets sont bien moins à craindre : c'est un morceau de bois de chêne ou de noyer, auquel on donne la forme d'un volume in-4.º creusé dans son épaisseur, revêtu intérieurement de plaques de tôle, ouvert par un de ses côtés pour y introduire une brique chaude ou un morceau de fer plat, également chauffé, et qu'on y tient enfermé au moyen d'une coulisse artistement ajustée. On a imaginé ces chaufferettes pour les voitures et pour les spectacles, et les dames s'en servent habituellement l'hiver. Il est certain qu'elles parent à beaucoup d'inconvéniens ; outre qu'on peut les transporter sans courir les risques de communiquer le feu, elles ne peuvent pas non plus exhaler des vapeurs méphitiques, puisqu'elles ne contiennent ni charbon, ni braise, ni poussier ; de plus, la chaleur qu'elles procurent est moins âcre, puisqu'elle a passé à travers les pores du bois et de la tôle avant que de s'être fait sentir ; ses impressions sont donc en général moins nuisibles.

On peut, en voyage, se procurer une chaufferette d'un instant à l'autre. Il suffit d'avoir une boîte d'étain d'environ un pied et demi d'étendue, et de la chaux vive. Si l'on veut échauffer la boîte, ou trempe un peu de chaux dans l'eau, et on la renferme tout de suite dans la boîte, qui s'échauffe au point de ne pouvoir la toucher.

## Sur les Chaufferettes ou Chauffe-Pieds salubres et économiques.

Tout le monde connaît les *chaufferettes* ou *chauffe-pieds* qui contiennent un vase rempli de cendres et de braises incandescentes. La plupart des femmes se sont fait de cet instrument un meuble nécessaire, même indispensable. Les chaufferettes n'ont qu'un seul but d'utilité, celui de *chauffer les pieds ;* mais elles ont un grand nombre de défauts qu'il était urgent de faire disparaître.

Les inconvéniens principaux des chaufferettes ordinaires sont d'exiger d'y mettre souvent du feu, de répandre quelquefois des vapeurs malsaines, et même délétères, ou une odeur désagréable, à raison de la braise et des corps étrangers apportés par les pieds, qui tombent sur le feu par les ouvertures supérieures; de pouvoir, lorsqu'elles ferment mal, donner lieu à des incendies; enfin, loin d'être économiques, d'exiger l'entretien du feu, que l'on détruit en partie chaque fois que l'on y prend de la braise pour la chaufferette, suivant la méthode ordinaire.

Presque à l'instant de l'invention de ces chauf-

ferettes, et aussitôt qu'on en eut reconnu les inconvéniens, plusieurs personnes cherchèrent à
les éviter, et ceci remonte à un temps immémo-
rial. Les uns se servent de boîtes doublées en
tôle, dans lesquelles on met un morceau de fer
ou de fonte de fer chauffé à un haut degré de
température ; les autres, pour obvier à l'embarras de renouveler le feu, emploient, surtout
dans les voyages, des coffrets d'étain remplis
d'eau bouillante, ou des sacs de toile remplis de
sable chauffé fortement dans un vase très-propre ;
mais tous ces moyens ne remplissent pas le but
d'économie qu'on doit se proposer, puisqu'ils
exigent du feu pour chauffer le *fer*, l'*eau* et le
*sable.*

En 1814, M.<sup>me</sup> Augustine CHAMBON-DE-MON-
TAUT, demeurant maintenant *rue du Bac*, n.º 89,
prit un brevet de cinq ans pour une *chaufferette
salubre et économique*, à laquelle elle donna son
nom : elle l'appela *augustine*. Ce chauffe-pied ne
participe à aucun des défauts que nous avons signalés. Il est composé d'une *lampe à huile*, et
d'un *réservoir de chaleur* placé au-dessus : il a
l'avantage d'être facile à préparer, à échauffer, à
acquérir une chaleur égale et constante qui se
maintient pendant long-temps; de dépenser peu,
de dispenser d'allumer du feu pour l'entretenir,
et de servir à plusieurs usages autres que celui
de chauffer les pieds, afin de pouvoir être aussi

bien adopté par les hommes que par les femmes.

La forme des augustines est à-peu-près la même que celle des chaufferettes ordinaires ; on les décore très-facilement, n'ayant aucuns trous supérieurs comme ces dernières. On les revêt à volonté d'une étoffe de laine garnie de franges, et imitant un tabouret de pieds à l'usage des femmes. Pour les hommes, on leur donne la forme d'un *pupître* ou d'une *chancelière ;* alors elles peuvent aisément être placées sous un bureau, et tenir les pieds chauds, sans que personne puisse s'apercevoir du feu de la lampe, et sans qu'elles répandent d'odeur sensible. Malheureusement ces instrumens furent portés à un prix trop élevé, et c'est la faute que commettent assez habituellement les inventeurs brevetés ; ils veulent s'enrichir trop vite, et par-là ils excitent l'avidité des contrefacteurs. M.<sup>me</sup> DE MONTAUT les avait portées à 15 francs. Elle en vendit peu.

Après l'expiration du brevet, M. SCHWICKARDI, lampiste à Paris, *rue Castiglione,* n.° 7, perfectionna cette jolie invention, et surtout en diminua le prix, de sorte qu'il en a plus vendu en deux ans que M.<sup>me</sup> DE MONTAUT en cinq. Il les vend de 5 à 9 francs. La description que nous allons en donner fera connaître les détails de celles de M.<sup>me</sup> DE MONTAUT.

A l'extérieur elles se ressemblent parfaitement ; elles ne diffèrent que par la construction de la

lampe, qui est plus simple, moins coûteuse et
d'un aussi bon effet. L'intérieur de la boîte est
garni d'une feuille de fer-blanc qui laisse un libre
accès à l'air nécessaire à la combustion; la boîte
est élevée sur quatre pieds, comme un tabouret.
Au milieu est placée une lampe en fer-blanc de
forme carrée, avec un petit mécanisme pour
élever ou abaisser la mèche, qui est plate, et qui
ne répand pas de fumée lorsque la flamme n'a
pas plus d'un centimètre de hauteur. Cette hauteur est fixée par un fil de fer vertical soudé à
côté de la mèche, sur la lampe, qui se fixe aisément sur le fond de la chaufferette.

Le dessus du chauffe-pied présente un trou pa-
rallélogrammique, bouché par une boîte en fer-
blanc d'un centimètre d'épaisseur; cette boîte
est le *réservoir de chaleur*; elle est remplie de sable
et fermée hermétiquement. Le sable s'échauffe,
ne peut pas acquérir un plus grand degré de chaleur que la flamme de la lampe ne peut lui en
communiquer, et la conserve au même degré tant
que la combustion dure. On peut se servir aussi
d'une boîte semblable qui ne contient que de
l'air : elle a un petit trou d'un centimètre sur la
surface inférieure; elle a le mérite de s'échauffer aussitôt qu'elle est placée; mais elle perd
cette même chaleur dès que la lampe est éteinte
ou qu'elle est séparée du chauffe-pieds; tandis
que celle qui est pleine de sable peut conserver

de la chaleur pendant assez long-temps pour chauffer les pieds quand on se met au lit : on l'enveloppe dans une serviette.

Ces chauffe-pieds usent pour 7 cent. d'huile à quinquet, épurée, pendant l'espace de vingt-quatre heures, et la mèche n'a besoin d'être mouchée que toutes les douze heures. Nous ne connaissons rien de plus commode, de plus simple, de plus économique et de plus salubre que ces jolies chaufferettes, qui ne donnent absolument aucune odeur.

Le 6 novembre 1823, M. Christophe DE SAINT-JORRE, ancien avocat à Paris, demeurant maintenant *rue Sainte-Appoline*, n.º 10, prit un brevet de cinq ans pour un appareil qu'il appelle *jorrine*, et qui a le même but. C'est une petite boîte en acajou, très-jolie, doublée en tôle, pour recevoir dans son intérieur une plaque de fonte de fer de 7 à 8 livres. La tôle est séparée du bois dans cinq de ses faces par une couche de charbon pilé, comme mauvais conducteur du calorique, et sa face supérieure est fermée par une boîte en tôle remplie de sable. On fait chauffer la plaque de fer, on l'introduit dans la jorrine, on la couvre avec la boîte de tôle, et l'on a une chaleur douce qui va toujours en diminuant jusqu'à ce que la fonte soit entièrement refroidie. M. DE SAINT-JORRE ignorait sans doute que cette invention est d'une date bien éloignée ; et d'après ce que nous avons dit en commençant cette notice, elle ne vaut pas les *augustines*. Il aurait pu employer l'air renfermé dans le réservoir où il place son charbon pilé, de préférence à ce dernier, qui n'est pas aussi mauvais conducteur que l'air. D'un autre côté, cet instrument est très-lourd, et coûte 22 francs.

# ANECDOTES



## LE FROID, LE CHAUFFAGE, LE BOIS, LE FEU, etc,

Un prédicateur prêchant la Passion et dissertant sur cet endroit de l'Écriture, *Calefaciebant se, quia frigus erat*, disait : Remarquez, messieurs, l'exactitude de l'évangéliste ; il ne vous dit pas seulement, ils se *chauffaient* ; il ajoute encore, parce qu'il faisait froid. Ainsi il raconte d'abord le fait comme historien : *calefaciebant se*, ils se chauffaient ; ensuite il en explique la cause comme physicien : *quia frigus erat*, parce qu'il faisait froid.

LEMAÎTRE (Antoine), regardé comme le père des solitaires de Port-Royal, s'acquit une si grande réputation au barreau, que le chancelier SÉGUIER lui fit donner par le roi un brevet de conseiller d'état, avec la pension, lorsqu'il n'avait encore que vingt-huit ans. Retiré dans la solitude de Port-Royal, il ne se *chauffait* jamais. Lorsque le froid le prenait, il avait une grosse bûche qu'il portait sur son épaule du haut en bas, et de bas en haut de l'escalier, jusqu'à ce qu'il eût *chaud*.

GROSLEY (Pierre), autre avocat qui sut honorer également sa profession, n'avait aussi ni cheminée ni poêle dans son cabinet. Une simple *chaufferette,* qu'il mettait sous ses pieds, était ce qu'il appelait le feu de son appartement; et quand la place n'était plus tenable, il allait se *chauffer* et travailler à la cuisine. Deux feux dans une maison bourgeoise étaient un luxe inconnu dans ce temps, même aux marchands de bois, quoiqu'il ne valût que 9 livres la corde. C'était à la même époque que le père d'un négociant, depuis ennobli, balayait lui-même, en tablier vert, sa boutique et le devant de sa maison.

> Tout frais sorti de Châlons sa patrie,
> Et dans Paris se trouvant désœuvré,
> Pour se distraire, un soir monsieur André
> Court au café de la messagerie,
> Qu'en débarquant il avait admiré.
> Auprès du poêle il prend d'abord séance;
> Et là, bientôt de simple spectateur,
> Sans le vouloir, par pure bienséance,
> Il se décide à devenir acteur.
> —Monsieur, dit-il, donnez-moi, je vous prie,
> Un petit pot de cette sucrerie
> Que j'aperçois là-bas sur un plateau.
> Ainsi disant, le pauvre Nicodême,
> Qui d'une main tenait bas son chapeau,
> Montrait, de l'autre, une glace à la crême,
> Laquelle était pour lui du fruit nouveau.
> On la lui sert; il en coupe un morceau
> Avec ses dents : peignez-vous sa grimace....
> —C'est se moquer du monde, par saint Jean!
> S'écria-t-il; eh, monsieur! cela glace;
> *Chauffez-le-moi,* du moins, pour mon argent.

9*

Au mois de janvier 1776, le Duc DE LAROCHEFOUCAULT, allant à Versailles, et voyant ses deux laquais transis de froid, les fit mettre dans son carrosse. Cet acte d'humanité reçut à la cour les plus justes éloges. «J'ai été bien fâché,» répondit le Duc, » de n'y pouvoir faire entrer aussi le cocher et les chevaux. »

> Un jour d'hiver, après l'office
> Entendu chez les capucins :
> —Ces pauvres gens, que je les plains !
> S'écriait la prude Clarisse.
> Le froid me glace jusqu'aux os :
> Jasmin, portez-leur des fagots !
> Hélas ! ils ont la jambe nue !...
> Mais bientôt auprès d'un grand feu,
> Elle dit : Rendons grace à Dieu ;
> N'allez pas, le froid diminue.

MÉZERAI était l'homme de la terre le plus *frileux*. PATRU le rencontrant un matin qu'il gelait fort, et lui ayant demandé comme il se trouvait de ce temps-là : « J'en suis à L, mon cher PATRU, et je cours regagner mon feu. » Cette énigme, dont PATRU cherchait en vain à trouver le mot, lui fut expliquée par un autre ami, qui lui dit : « Le frileux MÉZERAI, dès l'entrée de l'hiver, a toujours, derrière son fauteuil, douze paires de bas étiquetées depuis la lettre A jusqu'à M ; en sortant du lit, il consulte son thermomètre pour en chausser autant de paires que le froid semble l'exiger. Le froid était donc ce jour-là, pour lui, très-près du dernier degré. »

> Lorsque les glaces de l'âge
> Ont refroidi les amours,
> Près du feu dans son ménage,
> En rappelant ses beaux jours,
> Souvent un couple fidèle,
> Malgré ses cheveux grisous,
> Fait jaillir quelqu'étincelle,
> En rapprochant ses *tisons*.

Ce fut en 1198 que l'on fit la découverte de la *houille*, tourbe ou motte à brûler. PRUD'HOMME-HOUILLEUX, maréchal-ferrant à Liége, en fit usage le premier, et lui donna son nom. L'utilité de cette espèce de charbon de terre porta les Liégeois, naturellement superstitieux, à lui donner une origine merveilleuse. Ils prétendirent qu'un vieillard habillé de blanc avait apparu à PRUD'HOMME-HOUILLEUX, lui avait donné connaissance de cette tourbe, et avait disparu aussitôt.

> Un vieillard faisait les yeux doux
> A Lise, jeune et belle femme,
> Et lui redisait à tous coups
> Que *bois* sec mieux que vert s'enflâme.
> —Non pas, lui répondit la dame,
> Lorsque le bois vert est dessous.

Le méchant est comme le *charbon* ; s'il ne vous brûle, il vous noircit.

M.<sup>me</sup> DE SÉVIGNÉ écrivait en 1680 : « Nous
» avons fait, la veille et le jour de la Saint-Jean,
» deux admirables *feux* devant ma porte. Il y
» avait plus de trente fagots, et une pyramide de
» fougère qui faisait une pyramide d'ostentation ;
» mais c'étaient des feux à profit de ménage, nous
» nous y chauffions tous. »

L'*hiver* de 1608 ne fut pas moins rude que celui de 1709. L'histoire nous apprend que la nuit
du 20 janvier (1608), cinq hommes qui ame-
naient des provisions aux halles furent trouvés
morts de froid au coin de la rue Tire-Chappe.
PIERRE-MATHIEU rapporte qu'il entendit dire à
HENRI IV, à son lever, que sa moustache s'était
gelée au lit, et auprès de la reine. Il est vrai,
observe SAINT-FOIX, que c'était sa femme.

JACQUES-SYLVIUS, célèbre médecin, était d'une
avarice telle, qu'il passait tous les *hivers* sans feu.
Pour *s'hiverner*, il allait, quand il faisait beau,
jouer au ballon, et quand il faisait mauvais, il
montait et descendait continuellement une bûche
de sa cuisine dans son grenier, et de son grenier
dans sa cuisine.

Elle fume. — Elle ne fume pas. — Elle fume,
vous dis-je ; je le sais bien. — Elle ne fume pas ;
vous ne savez ce que vous dites. — Et vous, vous

mentez. — Vous m'en rendrez raison. — Comme vous voudrez. — De retour chez lui, l'offensé, ou celui qui se croyait tel, envoya un cartel, auquel il fut noblement répondu. Pourtant, après de nouvelles explications et les instances de deux amis, les adversaires se sont serré la main ; des français se seraient embrassés ; c'est assez dire que le duel devait avoir lieu à Boulogne, entre MM. B*** et le général H***, gentilshommes anglais, secondés par leurs compatriotes le colonel S*** et ***. On cessera d'être étonné d'une résolution si sage, lorsqu'on saura que ces quatre messieurs formaient plus de trois siècles d'âge : on a de la sagesse à moins. Il s'agissait de la cheminée d'une salle à manger qu'un fumiste venait de soustraire à l'incommodité dont l'existence avait été si chaudement soutenue par l'un des deux adversaires.

On ne fait nulle part aussi bon feu que dans les bureaux des ministres, disait quelqu'un. Il y a tant de *bûches*, répondit un observateur!

René, roi de Sicile, résidait ordinairement à Marseille. On le voyait souvent se promener sans cortége sur le port, quand le soleil, presque toujours beau dans ce climat, répandait cette chaleur douce qui dans la basse Provence ranime la nature, lorsqu'elle paraît engourdie partout

ailleurs. De là vient qu'en Provence on appelle
encore tout endroit où l'on se chauffe au soleil :
*La cheminée du roi* RENÉ.


Certain avare arriva dans l'enfer :
Eh, quoi ! dit-il au seigneur Lucifer,
Le bois ici ne se ménage guère !
Voilà cent fois plus de feu qu'il n'en faut !
Éteignez-en la moitié, mon confrère,
Il y pourra faire encor assez chaud.


Sur la *cheminée* on répand
Les trésors que prodigue Flore :
A la cheminée on suspend
Le portrait de ce qu'on adore;
Et la coquette, qui toujours
Finit par être abandonnée,
Pour n'être pas seule, a recours
Au miroir de sa *cheminée.*


Pour dissiper l'ennui qu'on a,
On attise, on souffle, on tisonne :
Du moins en soufflant ce feu-là,
On ne fait de mal à personne.
Combien de maris pleins d'ardeur,
Assis près de leur dulcinée,
N'ont jamais eu d'autre chaleur
Que celle de la *cheminée !*


Lise, près d'un foyer ardent,
Écoute un amoureux langage.
Vous croiriez, en la regardant,
Que le feu lui monte au visage :

La cause de cette rougeur,
Moi, je crois l'avoir devinée :
Lise aurait bien moins de pudeur,
Sans le feu de la *cheminée*.

La cheminée assez souvent
Offre à nos regards une horloge,
Que pour son rendez-vous l'amant
A chaque minute interroge.
L'heure des jeux et des travaux,
Du berger l'heure fortunée,
L'heure du repas, du repos,
Tout se lit sur la *cheminée*.

# MARCHANDS DE BOIS

## EN CHANTIERS.

----

### QUARTIER DES CHAMPS-ÉLYSÉES.

Doux fils, rue du faubourg Saint-Honoré, n.º 109.
Guilloteaux aîné, quai de Billy, n.º 44.
Marcellot frères, rue du faubourg Saint-Honoré, n.º 98.
Marquet-Longchamp frères, rue du Colysée, n.º 6.

### QUARTIER DU ROULE.

Adam frères, rue de la Pépinière, n.º 53.
Bussy, rue de l'Arcade, n.º 9.
Cléry frères, rue de la Madeleine, n.º 32.
Desnoyers, rue de la Madeleine, n.º 41.
Saintard jeune, rue de Clichy, n.º 55.
Thoureau, rue de la Madeleine, n.º 33.

### QUARTIER DE LA PLACE VENDÔME.

Charreau, rue Saint-Lazare, n.º 97, et rue de l'Arcade,
n.º 23.
Doisteau, rue Saint-Lazare, n.º 99 *bis*.
Duffocq, rue de Surène, n.º 2.
Hallot fils, rue Saint-Lazare, n.º 106.
Houllier, rue Saint-Lazare, n.ºs 101 et 104.
Lemaire, rue Basse-du-Rempart, n.º 64.
Mussot fils aîné, rue Saint-Nicolas d'Antin, n.º 48.
Ouvré, rue de l'Arcade, n.º 11.
Salaun frères, rue Neuve-des-Mathurins, n.º 43.

### QUARTIER DU TEMPLE.

Alexandre, rue du faubourg du Temple, n.º 14.
Bourbon fils aîné, rue de Malte, n.º 8.

Bouvret-Chevet, rue d'Angoulême, n.º 16.
Chocarne, rue des Fossés, n.ᵒˢ 42 et 46.
Coeffier, rue des Fossés, n.º 52 *bis*.
Hollier (Edme), rue de Malte, n.º 6.
Jadras fils, rue d'Angoulême, n.º 23.
Lemaire et Louvet, rue des Fossés, n.º 52.
Lepetit, rue du Haut-Moulin, n.º 4, par la rue de la
    Tour, ou sur le canal.

## QUARTIER POPINCOURT.

Bidaut, rue de la Roquette, n.º 44.
Bourbon-Coulon, rue du Chemin-Vert, n.º 2.
Dret, rue Amelot, n.º 18.
Marquet neveu, rue Saint-Pierre, n.º 16.
Mauny, rue Amelot, n.º 22.
Morand fils, rue du Chemin-Vert, n.º 3.
Mussot (veuve), rue Daval, n.º 20.
Rousseau-Bellesalle, rue Amelot, n.º 54.
Rouxel, rue Saint-Pierre, n.º 14.
Thoufflin, rue de la Roquette, n.º 2.
Voillot, rue du Chemin-Vert, n.º 1, et rue Amelot,
    n.º 24.

## QUARTIER DES QUINZE-VINGTS.

Chevallier, rue de Bercy Saint-Antoine, n.º 25.
Dardoize, rue de Charenton, n.º 53, et faubourg Saint-
    Antoine, n.º 70.
Drouard (veuve), rue de Charenton, n.º 16.
Piton-Harmand, quai de la Râpée, n.º 15, *intra muros*.
Rathier-Barbel (veuve), rue de Charenton, n.º 78.

## QUARTIER DE L'ARSENAL.

Foucher, quai Saint-Paul, n.º 23.
Prevost, rue Contrescarpe Saint-Antoine, n.º 8.

## MARCHANDS DE L'ÎLE LOUVIER.

BACHEST, rue Gérard-Beauquet, n.º 2.
BENOIST père, quai des Célestins, n.º 12.
BENOIST fils, rue Saint-Paul, n.º 10.
BORNICHE (veuve), quai des Célestins, n.º 22.
CAUTIN, rue des Lions Saint-Paul, n.º 7.
CORROYE jeune, rue du Petit-Musc, n.º 4.
FONTARIVE, rue de la Cerisaie, n.º 13.
FRANQUET (Jame), rue Gérard-Beauquet, n.º 4.
FRANQUET et SAFFROY, id.
GRÉAU, rue Saint-Paul, n.º 37.
HENRY, idem, n.º 2.
HENRY (veuve), rue du Petit-Musc, n.º 4.
LEBEUF, rue des Prêtres Saint-Paul, n.º 26.
LUTON, rue du Figuier, n.º 20.
MEUNIER, rue des Lions Saint-Paul, n.º 11.
MINOT, rue du Petit-Musc, n.º 6.
PELLETIER, rue des Lions Saint-Paul, n.º 11.
PILLE jeune, rue des Marais Saint-Martin, n.º 20.
PINGOT, quai Saint-Paul, n.º 10.
POUILLOT, quai des Célestins, n.º 14.
RICHARD, place Saint-Jean, n.º 27.
SAFFROY-FRANQUET, rue Gérard-Beauquet, n.º 4.
SALAUN frères, quai des Célestins, n.º 20.
SUBERT, idem, n.º 10.

## QUARTIER DES INVALIDES.

BROSSONNEAU, rue de l'Université, n.º 3.
DUHAMEL, boulevard des Invalides, n.º 6.
GIRARD (Charles-Antoine), idem, n.º 8 bis.
GLUCK (M.me H.), idem, n.º 18.
HOLLIER (Charles), rue de l'Université, n.º 2, Gros-
  Caillou.
HOUDAILLE (Alex. et Ch.), idem, n.º 6.

Louapt, boulevard des Invalides, n.º 22.
Pascal, *idem*, n.º 20.
Rougelot, rue de l'Université, n.º 10.
Saintard aîné (veuve), *idem*, n.º 8.
Spronck, boulevard des Invalides, n.º 8.
Tetu, rue de l'Université, n.ºˢ 5 et 7.
Thibault, boulevard des Invalides, n.º 12.
Wagon et Voillot jeune, rue Saint-Dominique, n.º 3.

## QUARTIER DE L'OBSERVATOIRE.

Bourbon fils jeune, rue des Ursulines Saint-Jacques, n.º…
Bourgier, rue d'Ulm, n.º 5 *bis*.
Bouvret, *idem*, n.º 12.
Millot aîné, *idem*, n.º 11.

## QUARTIER DU LUXEMBOURG.

Devercy-Vattaire, boulevard Mont-Parnasse, n.º 8.
Gallais, *idem*, n.º 10.
Moreau, *idem*, n.º 2.
Oudot, *idem*, n.º 1.

## QUARTIER DE LA SORBONNE.

Jadras, rue Saint-Jacques, n.º 241.

## QUARTIER DU JARDIN DU ROI.

Baudouin, rue de Seine Saint-Victor, n.º 1.
Besnard, quai de la Tournelle, n.ºˢ 9 et 17.
Bouquet frères, rue de Seine Saint-Victor, n.º 5.
Cretté, rue de Pontoise, n.º 11.
Doux jeune, rue Saint-Victor, n.º 4.
Grenier, quai de la Tournelle, n.ºˢ 3 et 7.
Momon (J. et R.), rue Mouffetard, n.º 280.
Regnault, quai Saint-Bernard, n.º 27.

## QUARTIER SAINT-MARCEL.

Boutin (Toussaint) jeune, rue de la Glacière, n.º 8.
Fayard aîné, port de l'Hôpital, n.º 7.
Panis, rue Poliveau, n.ºs 27 et 28.
Sculfort et Cornu, rue du Banquier, n.º 15.

## CHARBON DE BOIS ARRIVANT PAR EAU.

*Bureau*, quai Bourbon, n.º 21.

## CHARBON DE BOIS ARRIVANT PAR TERRE.

*Bureau*, rue des Deux-Portes Saint-Jean, n.º 1.

## MARCHANDS DE CHARBON DE BOIS.

Barbier, rue de Vaugirard, n.º 54.
David jeune, rue Hauteville, n.º 9.
Osmont, rue du faubourg Poissonnière, n.º 28. Charbon
de bois épuré, sans odeur ni fumerons et sans fumée,
dont l'usage est recherché dans les cuisines et apparte-
mens, rendu à domicile, même mesure (double hec-
tolitre) que le charbon des forêts; savoir : le gros,
10 fr.; le petit, 8 fr.; le poussier, 6 fr. la voie.
Pouillot, quai des Célestins, n.º 14.
Roux-Moreau, rue Belle-Chasse, n.º 26.
Salaux frères, quai des Célestins, n.º 20.
Subert, *idem*, n.º 10.

## MARCHANDS DE CHARBON DE TERRE.

About-Debard et Gaspard-Got fils, rue Neuve Sainte-
Catherine, n.º 14.
Barbe-Martin et Comp., rue Bleue, n.º 20.
Bernard, quai Saint-Paul, n.º 12.
Bourgeois, quai des Célestins, n.º 16.
Boutmy, fabricant de charbon de terre épuré, rue Poli-
veau, n.º 1.

Brindeau jeune, rue de Cléry, n.º 96.

Cavelan et Comp., rue Sainte-Avoie, n.º 18.

Chalambel, *idem*, n.º 47.

Chalchat, *idem*, *idem*.

Chardin, rue des Vinaigriers, n.º 23.

Daunis, rue de l'Égoût Sainte-Catherine, n.º 2.

Dechizelle et Comp., rue du faubourg Poissonnière, n.º 33 *bis*.

Defontaine, Barthe, Lamothe et Comp., rue des Petites-Écuries, n.º 41.

Dehaynin, rue du Bac, n.º 16; dépôt, rue du Chaume, n.º 23, et rue Voltaire, n.º 2.

Delnest et Decrony, rue des Vinaigriers, n.º 25; dépôt, à la Villette.

Destombes, rue du Contrat-Social, n.º 4.

Detourbet frères, rue des Lions Saint-Paul, n.º 14.

Durenne aîné, rue du faubourg Saint-Antoine, n.º 47; et cour Saint-Louis, n.º 7.

Duthy et Comp., rue Grange-aux-Belles, n.º 11.

Évette frères, rue du faubourg Saint-Martin, n.º 254.

Galizot, Charbon double, cour Harlay, n.º 19.

Garnot, quai de Billy, n.º 4.

Gérard, rue de la Croix-du-Roule, n.º 4; magasin, rue des Vinaigriers, n.º 30.

Guillemet, quai Béthune, n.º 12.

Lattu, rue de la Mortellerie, n.º 105.

Lefèvre, rue des Filles-Saint-Thomas, n.º 9.

Leffo-Mivières et Comp., carbonisation de la Tourbe, à Mennecy, rue du Four Saint-Germain, n.º 47.

Lesguillette, rue des Marais du Temple, n.º 50 *bis*.

Lheullier, *Bûches-Briquettes*, rue Montmorency, n.º 22.

Lyonnet, rue Saint-Paul, n.º 40.

Riant frères et Comp., dépôt de mines de Fins (Allier), rue Saint-Antoine, n.º 177.

Ribaux (veuve), rue Saint-Paul, n.º 32.

ROGER, *Bûches-Briquettes,* rue de Surène, n.º 29.
SALMON fils aîné, rue Bar-du-Bec, n.º 6.
SAUVAGEOT fils, rue Saint-Paul, n.º 1.

## MINES DE HOUILLE DE DECIZE.

*Administration*, rue Favart, n.º 12.

DÉPÔT DE CHARBON DE TERRE DE MONS (des mines de Lescouffiaux), rue de la Pompe, et rue Saint-Jean (à la pompe à feu du Gros-Caillou).

## FABRICANS ET MARCHANDS DE CHAUX. (1)

BADIN, rue Cadet, n.º 1.
BARY, rue de Jouy, n.º 14.
BOUTMY, fabrique Chaux épurée, rue Poliveau, n.º 1.
DULÉRY-BUSSIÈRE, à Grenelle.
DUMOUTIER, breveté pour l'invention de la Chaux hydraulique, rue de Clichy, n.º 51; usine à Pantin.
GOUPIL, de Senonches, rue Martel, n.º 10.
MORILLON, rue de la Mortellerie, n.º 153.
PLANCHON (veuve), rue du Figuier, n.ᵒˢ 17 et 26.
ROMMETIN et Comp., fabriquent à la Gare, exploitent les fours de Melun.

## PRINCIPAUX FABRICANS ET MARCHANDS POÊLIERS, FUMISTES, etc., à Paris.

ANTOINE, fabrique Poêles de faïence et Cheminées, rue Saint-Maur-Popincourt, n.º 22.
AURUSSE, fabrique Cheminées à la Nancy, rue du Caire, n.ᵒˢ 19 et 22.

---

(1) J'ai donné, page 33, un procédé pour se chauffer avec de la *chaux;* c'est pour cette raison que je place ici la liste des fabricans et marchands de cette substance, à Paris.

Béthune-Jacquinet, fabrique Cheminées portatives économiques, rue Neuve-Saint-Augustin, n.º 6.

Bigel, fabrique Cheminées à la Nancy, rue des Fossés-Montmartre, n.ᵒˢ 13 et 16.

Cambrune, fabrique Fourneaux économiques, magasin de tous les objets qui ont rapport à l'économie, soit en terre, en tôlerie, ferblanterie, et tout ce qui se fabrique au poli, quai de l'École, n.º 16. *Voy.* page 107.

Chevalier-Curt, fabrique Foyers et Fourneaux économiques (1).

Cotté, fabrique Fourneaux économiques, Coquilles à rôtir, Appareils en fer-blanc pour l'économie, rue Mandar, n.º 6.

Delaroche fils aîné, fabrique Cheminées anglaises et dites *jacquinet*, en tôle, cuivre, marbre; Poêles et Cuisinières économiques; entreprend le chauffage des grands établissemens, rue du Bac, n.º 101.

Duvoir fils aîné, inventeur de nouveaux Foyers économiques s'adaptant dans toutes les cheminées, et nouveaux procédés fumifuges; construit des Fourneaux économiques; magasin de Poêles et fabrique de Tôlerie, rue du faubourg Poissonnière, n.º 72.

Fassio, Fumiste, donne garantie d'empêcher toute es-

---

(1) M. G. Chevalier-Curt, constructeur et successeur de M. Heuzet, ingénieur pyrotechnique, qui a réduit à un seul foyer les plus grandes cuisines, notamment celles des hôpitaux de Paris, de l'hôpital royal des Invalides, des colléges Louis-le-Grand, Sainte-Barbe et divers grands pensionnats; des hôtels-dieu de Rouen, d'Auxerre, de Tonnerre, etc., etc., se charge de tous les objets de poêlerie, fumisterie, d'une manière durable et avec garantie, y demeure maison Heuzet, où il a ses ateliers, et où l'on peut voir de quelle manière il établit ses travaux, *rue Saint-Jacques*, n.º 264 *bis*, *près les Sourds-Muets*. Il se charge de faire de nouveaux calorifères pour chauffer à-la-fois plusieurs appartemens.

pèce de cheminée et poêle de fumer, par un moyen
simple et à peu de frais. Il n'exige de paiement qu'a-
près entière réussite ; rue Transnonain, n.º 32.

Firino aîné ; assortiment de Poêles, Cheminées, construit
Poêles et Cheminées, Fourneaux, etc., rue Paradis-
Poissonnière, n.º 34.

Fouques ( veuve ), tenant sa fabrique de Fourneaux économiques perfectionnés, et tous les Appareils relatifs
à la cuisine en tôle, en fer-blanc et en terre, et généralement tout ce qui se fabrique en poli, en plaqué et
en argent ; plus, un Appareil propre à conserver les
viandes saines, par brevet d'inv., rue du Roule, n.º 20.

Gernon ( veuve ), par brevet d'invention : manufacture
ci-devant Royale de Calorifères et Foyers salubres et
économiques de feu Désarnod ; Calorifères à circulation extérieure en fonte pour établissemens publics,
spectacles, usines, etc. ; Calorifères ronds à compartimens intérieurs, aussi en fer fondu, pour un chauffage
plus circonscrit ; Foyers nouveaux en fer coulé, rue
des Petites-Écuries, n.º 17.

Glaise, fabrique Cheminées en tôle et cuivre, rue du
Coq Saint-Honoré, n.º 4.

Harel, fabrique Appareils économiques, rue de l'Arbre-
Sec, n.º 50. *Voy.* page 73.

Jacquinet et Comp., fabriquent Cheminées économiques,
rue Neuve-des-Petits-Champs, n.º 95.

Jacquinet jeune, fabrique nouvelles Cheminées portatives et économiques, qu'il garantit de la fumée et de
l'odeur ; il force la chaleur par le moyen d'une garniture en brique ou en faïence établie dans l'intérieur.
Magasin, rue de Richelieu, n.º 37 ; fabrique, rue Notre-
Dame-des-Victoires, n.º 36. *Voy.* page 83.

Kiel, fabrique Cheminées en tôle, ornées de chambranles et de tablettes en marbre, rue et porte Saint-
Honoré, n.º 412. *Voy.* page 83.

Lefèvre, fabrique Fourneaux, rue de la Limace, n.º 18.

L'Homond, fabrique Cheminées parisiennes et Appareils en stuc exempts d'odeurs métalliques, et économisant toute espèce de combustible, rue Coquenard, n.º 36. *Voy.* page 81.

Meunier, breveté pour Cheminées en décors métallique imitant l'argent mat et l'or bruni, auteur d'un nouveau Foyer s'adaptant à ses Cheminées, rue Boucherat, au Marais, n.º 6.

Mozzanino, fabrique Cheminées et Poêles, rue Basse-du-Rempart, n.º 18.

Polini, Guidi et Minoggio, fabriquent toutes sortes de Poêles en faïence et biscuit, construisent Calorifères de diverses grandeurs, Cheminées, rue Saint-Denis, n.º 364, et rue du Ponceau, n.º 26.

Roger (J.-A.), fabrique Calorifères-ventilateurs-chauffeurs; avec un seul foyer il peut chauffer dix à douze pièces ou plusieurs centaines de milliers de pieds cubes, quel que soit le nombre d'étages; Poêles à colonnes calorifiques pour étuves; Cheminées sur le même système; Appareils pour blanchir à la vapeur, et pour cuisson des légumes dans les exploitations rurales. Dépôt des Briques et Terres réfractaires du Montet, etc., rue de Surène, n.º 29.

Schmit, fabrique Fourneaux économiques, rue de la Corderie Saint-Honoré, n.º 5.

Schwickardi, de Lyon, Lampiste-Mécanicien-Architecte, cinq brevets d'inventions, construit Cheminées économiques, Calorifères, Ustensiles de cuisine, etc., etc., rue Castiglione, n.º 7. *Voy.* page 204.

Thomas, fabrique nouvelles Cheminées portatives et économiques, qu'il garantit de la fumée et de l'odeur; il force la chaleur par le moyen d'une garniture en brique ou en faïence, rue Neuve-des-Petits-Champs, n.º 32. Dépôt, rue des Fossés-Montmartre, n.º 11.

# TABLE DES MATIÈRES.

## DESCRIPTION DE QUELQUES APPAREILS D'ÉCONOMIE DOMESTIQUE.

FIN DE LA TABLE.